Contents

Chapter I. 스커트(Skirt)

Chapter II. 바지(Pants)

그림과 사진만 보면서 패턴을 제작하는 선배의 모습을 보면서 놀라움과 부러움으로 가득하던 시절….

어렵게만 느껴졌던 일이 어느덧 내가 그렇게 일을 하고 있다. 시간은 20년이 흘러갔다.

저자는 표준체형과 표준 치수를 기반으로 아이템별 원형 패턴을 제작하여 디자인 변화에 적합하게 원형을 응용하여 새로운 디자인 패턴을 제작하는 방법을 원리 해석 방식으로 패턴 제작 과정을 설명하려 한다.

응용을 자유롭게 하기 위해서는 원형 패턴에 대한 이해가 바탕이 되어야 하고, 원형 패턴에 대한 이해는 인체 형태에 대한 이해에서 시작한다.

저자는 패턴을 제작하는 모델리스트들에게 인체의 형태를 보다 정확히 이해하는 것이 중요하다는 것을 다시 한 번 강조한다.

"모든 스커트 패턴은 원형 패턴에서 나온다"

원형 패턴에 대한 이해가 깊을수록 보다 자유롭게 다양한 디자인을 패턴으로 제작할 수 있다.

스커트 원형 패턴을 이해한다는 것은 첫째 다트의 발생 원인을 설명할 수 있고, 둘째 다트 양을 산출하고 분할할 수 있으며, 셋째 체형에 적합하게 다트를 제도할 수 있어야 한다.

저자는 스커트 원형 패턴을 이용하여
- 허리선 위치에 따른 밴드 제작과 원형 패턴 수정 방법
- 조형하고자 하는 형태에 적합한 원형 패턴 수정 방법
- 플레어 생성 및 플레어량 조절 방법에 따른 원형 패턴 변화 과정
- 주름 생성 등을 10개의 디자인으로 전개하여 스커트 패턴 제작 과정을 설명하였다.

"바지패턴은 밸런스이다"

바지 패턴 제작의 중요한 4가지 요소는 ①엉덩이둘레, ②밑위 길이 ③앞, 뒤 중심선 기울기 ④밑폭이다.

저자는 바지를 착장 시 여유 량을 기준으로, 스키니-타이트-슬림-와이드-큐롯 형으로 5가지 스타일로 구분하여 각각의 스타일에 적합하게 4가지 요소의 변화 방법을 제시하여 밸런스가 유지되면서 멋과 맵시 있는 형태를 조형할 수 있도록 설명하였다.

자켓 패턴 제작은 숄더 프린세스라인, 라운드 넥, 투 버튼, 원버튼, 더블, 남성복형의 6가지스타일로 구분하여,
- B.P를 기준으로 프린세스 라인의 위치를 1인치, 2인치, 3인치로 설정하여 패턴 제작 방법을 제시하고,
- 기본 원형의 다트 양을 기준으로 피트-슬림-박시로 몸 판 형태 조형방법을 제시하고,
- 스케치 방법을 통한 칼라 패턴 제작 과정을 단 개별로 나누어서 전개하였고,
- 몸판을 이용한 소매 패턴 제작 방법을 설명하였다.

코트는 인체에 딱 맞는듯한 슬림한 핏에서부터 품이 넉넉한 오버사이즈까지 치수의 변화가 많은 아이템이다.
다양한 치수 변화를 보다 체계적이고 안정적으로 패턴을 제작하기 위해서는 자신만의 패턴 전개 방식을 개발하지 않으면 패턴 제작 과정에 시간과 에너지를 많이 소요하게 된다.
저자는 코트 패턴 제도 편에서는 테일러 트 코트, 맥코트, 트렌치코트, 피 코트, 드롭+래글런 슬리브 코트, 프렌치코트, 드롭 코트, 돌먼슬리브 코트, 8가지 스타일로 나누어서 가슴둘레 치수의
변화를 기준으로 진동 깊이, 어깨. 등품, 앞품의 변화를 일정한 룰을 만들어서 "패턴 확장하기"로 설명하였다.
또 옷이 커지면서 들리거나 쌓이는 문제를 해결하는 방법으로 "떨굼 분량 주기"를 제시하였으며, 래글런, 드롭, 프렌치, 돌먼 소매의 각도 설정을 정 소매산을 이용하여 자유롭게 조절 가능하도록 "회전법"을 제시하여 코트 패턴을 전개하고 설명해 놓았다.
지금 이 순간에도 1/8인치 안에서 감각적인 선을 만들기 위해 고뇌하는 모든 모델 리스트들에게 도움이 되어 패턴 제작 과정이 보다 자유롭고 즐거운 시간으로 확장되기를 희망한다.

책을 만드는 과정 내내 여러모로 도움을 주신 김정호 센터장님, 초안 작업부터 마무리 수정까지 검토해준 이다희 님, 3D로 입체영상을 제작해준 이기태 님, 캐드 작업의 함송이 님, 도식화 작업을 도와준 강성주 님, 1차 편집을 도와준 배주형 님 그리고 최종 편집을 해주신 김인란 님. 그동안 조언과 격려를 해주신 모든 분들께 감사드린다.
책을 만든다는 이유로 휴일을 함께하지 못함에도 늘 배려해주며 언제나 곁에서 든든한 힘이 되어주는 사랑하는 아내 김경희 님과 사랑하는 푸름이 하늘이에게 감사하다.

2019년 3월
저자 **박 영 림**

사단법인 한국의류업종살리기공동본부 상임이사 **김정호**

옷을 만드는 기술에서 가장 중요하게 의미를 부여할 수 있는 것이 패턴과 봉제입니다. 봉제도 매우 중요한 기술이지만 패턴은 사람이 상상하는 디자인을 선의 아름다움으로 표현한다는 특징이 있다는 측면에서 매우 중요합니다. 인체의 둥글고 긴 모양을 선의 아름다움으로 표현한다는 것은 살아있는 핏을 표현하는 것과 마찬가지입니다. 그 많은 소재로 핏의 아름다움을 표현할 수 있다는 것은 오랜 시간 실무를 경험하면서 연구를 거듭하지 않으면 아름다운 핏을 표현하기 어렵겠죠.

오랜 시간 현장에서 실무를 경험한다는 것, 이것만으로 인체의 아름다운 선을 구사할 수는 없습니다. 현장 실무에서 던져지는 패턴제도의 연구과제의 수는 모두 표현한다는 것 자체가 불가능합니다. 바쁘게 돌아가는 산업의 현장을 반영한다고 한다면 현장 실무에서 무수히 던져지는 패턴제도의 과제를 모두 해결한다는 것은 어쩌면 불가능한 일일지도 모르겠습니다. 하지만 노력하는 사람 앞에서는 천재도 따라갈 수 없다는 말처럼 박영림 강사는 일상에서 현장 실무에서 던져지는 패턴제도의 과제를 해결하려는 노력을 많이 엿볼 수 있었습니다. 이러한 측면에서 박영림 강사는 현장실무에서 던져지는 많은 과제를 해결 했으며, 그 결실로서 이번에 자료화 되어 책이 나온다고 하니 옆에서 보아온 나로서는 무엇보다도 기쁘지 않을 수 없습니다. 그리고 고생했다는 것과 축하를 드립니다.

세상의 모든 사물. 특히, 패션은 변화를 기본으로 하고 있습니다. 기술을 발전시킨다는 것은 옷을 입는 사람들의 아름다움을 볼 수 있다는 측면에서 모두에게 기쁘고 행복한 일입니다. 변화는 고정되어 있는 것이 아니듯이 이번에 나온 책을 토대로 더 발전된 기술의 변화를 모색하길 기대합니다. 변화와 발전의 몫은 책을 보는 여러분과 책을 집필한 박영림 강사입니다.

수고하셨습니다.

1) 인체기준점

① **뒤목점**(back neck point) : 일곱째 목뼈 가시돌기 끝점으로 목을 앞으로 숙였을 때 가장 튀어나온 목뼈점. 손으로 짚고, 목을 바로 한 후 점을 찍어 표시한다.

② **앞목점**(front neck point) : 좌우쇄골이 만나는 목의 중심부에 약간 움푹하게 들어간 곳으로 정중선과 만나는 점.

③ **옆목점**(side neck point) : 앞목점과 뒤목점을 자연스러운 곡선으로 연결하였을 때 곡선과 어깨선이 만나는 점.

④ **어깨점**(acromion) : 견갑골의 어깨돌기 바깥쪽에서 가장 두드러진 점

⑤ **어깨끝점**(shoulder point) : 옆에서 어깨끝을 진동둘레선 상에서 위팔의 두께를 이등분 한 점.

⑥ **젖꼭지점**(bust point) : 젖꼭지의 가운데 점.　　　　⑦ **겨드랑이점**(armpit point) : 겨드랑이 밑 접힌 부분의 중간점.

⑧ **앞품점**(anteriore armpit point) : 앞쪽에서 겨드랑이 밑 접힌 부분이 시작되는 점.

⑨ **뒤품점**(posteriore armpit point) : 뒤쪽에서 겨드랑이 밑 접힌 부분이 시작되는 점.

⑩ **팔꿈치점**(elbow point) : 팔꿈치를 굽혔을 때 가장 뒤쪽으로 돌출된 지점.

⑪ **손목점**(stylion radiale) : 손목에서 새끼손가락 쪽으로 튀어나온 손목뼈의 중심점.

⑫ **허리앞점**(anterior waist) : 허리옆점 높이를 앞 중심선상에 표시 한 점.

⑬ **허리뒤점**(posterior waist) : 허리옆점 높이를 뒤 중심선상에 표시 한 점.

⑭ **허리옆점**(lateral waist) : 몸통의 오른쪽 옆 윤곽선에서 가장 들어간 곳　⑮ **배꼽점**(omphalion) : 배꼽의 가운데

⑯ **엉덩이 돌출점**(buttock protrusion) : 오른쪽 엉덩이에서 가장 바깥쪽으로 두드러진 점

⑰ **무릎점**(patella center point) : 무릎뼈의 가운데 점.

⑱ **바깥복사점**(fbulae point) : 발의 바깥쪽 복사뼈의 가장 돌출된 지점.

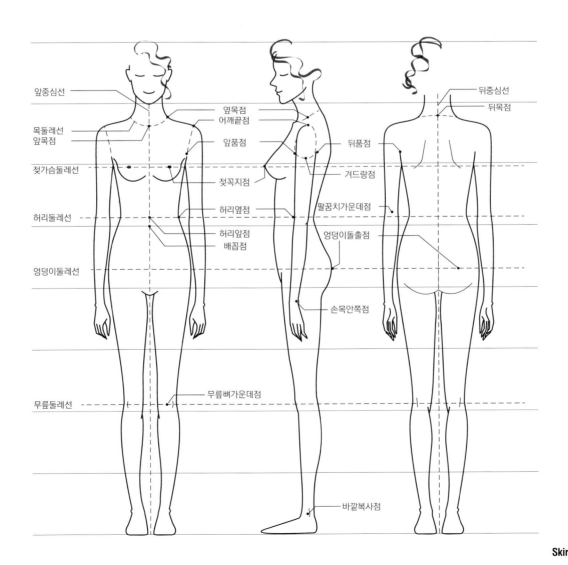

2) 인체 기준선

① **목밑돌레선**(neck base line) : 뒷목점.옆목점,앞목점을 지나는 둘레선.

② **어깨선**(shoulder line) : 옆목점과 어깨끝점을 잇는 선으로 뒤쪽이나 앞쪽에서 보아 어깨 윗 가장자리선.

③ **진동둘레선**(armcye line) : 팔과 몸통을 나누는 선으로 겨드랑이 선과 어깨끝점을 지나는 자연스러운 곡선.

④ **가슴둘레선**(bust line) : 유두점을 지나며 상반신에서 가장 큰 수평 둘레선.

⑤ **윗가슴둘레선**(chest line) : 좌우 겨드랑이밑을 지나도록하는 둘레선.

⑥ **허리둘레선**(waist lin e) : 허리 부위에서 가장 안쪽으로 가장 가는 곳을 지나는 둘레선.

⑦ **엉덩이둘레선**(hip line) : 엉덩이 부위의 가장 둘레가 긴 부분을 지나는 둘레선.

⑧ **무릎둘레선**(knee line) : 무릎뼈 가운데점을 지나는 수평 둘레선.

⑨ **앞중심선**(center front line) : 앞목점에서 수직으로 내려오는 직선.

⑩ **뒤중심선**(center back line) : 뒷목점에서 수직으로 내려오는 직선.

⑪ **옆솔기선**(side seam line) : 선 자세의 겨드랑이점에서 허리선까지 수직으로 내린선으로 일반적으로
앞뒤판을 나누는 선이 된다.

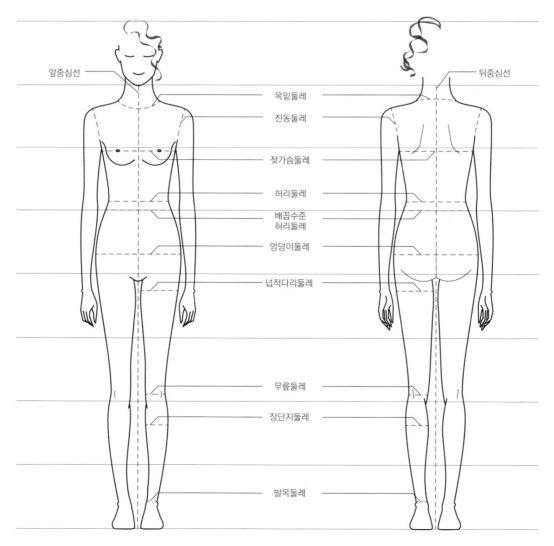

3) 인체측정방법

① **신장**(height) : 선자세에서 바닥에서 머리마루점 까지의 수직 거리.

② **목밑둘레**(neck base cir.) : 선 자세에서 뒤목점,옆목점,앞목점을 지나는 둘레를 앞쪽에서 줄자를 세워서 측정.

③ **윗가슴둘레**(chest cir.) : 선자세에서 좌우 겨드랑이를 지나는 가로 방향의 최대둘레

④ **가슴둘레**(bust cir.) : 젖꼭지점을 지나는 가슴부위의 수평 둘레.   ⑤ **허리둘레**(waist cir.) : 허리의 가장 가는 부위를 지나는 수평 둘레.

⑥ **배꼽수준허리둘레**(waist cir.omphlion) : 배꼽을 지나는 수평 둘레.   ⑦ **엉덩이둘레**(hip cir.) : 엉덩이 돌출점을 지나는 수평 둘레.

⑧ **위팔둘레**(upper arm cir.) : 오른쪽 겨드랑 밑 수준의 위팔 둘레.

⑨ **팔꿈치둘레**(elbow cir.) : 팔을90도 구부린 상태에서 팔꿈치점을 지나도록 사선으로 측정.

⑩ **손목둘레**(wrist cir.) : 오른쪽 손목의 최소 둘레를 측정.

⑪ **진동깊이**(armhol length) : 뒤목점에서 뒤중심선을 따라 겨드랑이 수준까지의 길이.

⑫ **등길이**(aistback length) : 뒤목점에서 뒤중심선을 따라 허리둘레선까지의 길이.

⑬ **유장**(neck point to bust point) : 옆목점에서 젖꼭지점까지의 길이를 사선으로 측정.

⑭ **유폭**(breast point to breast point) : 양쪽 젖꼭지점 사이의 직선거리.

⑮ **앞길이**(neck point to bust point to waist line) : 옆목점에서 젖꼭지점을 지나 허리선 까지의 길이.

⑯ **어깨길이**(shoulder length) : 옆목점에서 어깨가쪽점까지의 길이.   ⑰ **어깨가쪽사이길이**(bishoulder length) : 좌우 어깨가쪽점 사이 길이.

⑱ **뒤품**(back interscye length) : 양쪽 겨드랑이뒤접힘점 사이 길이.   ⑲ **앞품** (front interscye length) : 양쪽 겨드랑이 앞접힘점 사이 길이.

⑳ **팔길이**(arm length) : 어깨가쪽점에서 팔꿈치점을 지나 손목까지의 길이.

㉑ **엉덩이길이**(hip length) : 오른쪽 허리옆점에서 엉덩이 돌출점수준까지 체표길이를 측정.

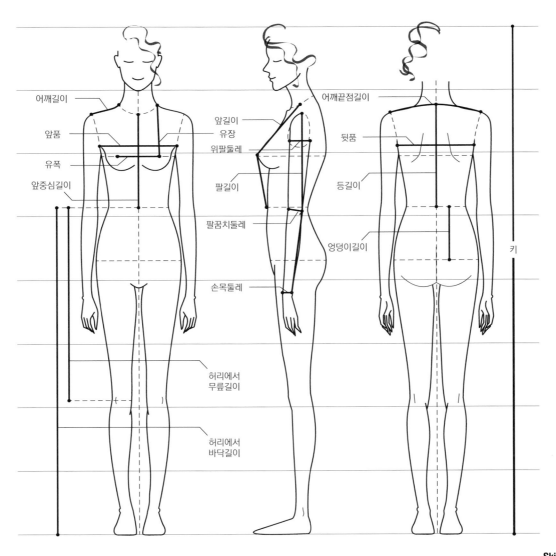

Chapter I.

스커트 (Skirt)

스커트 (Skirt)

1. 스커트 길이의 명칭

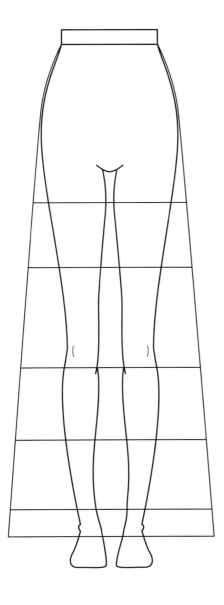

마이크로 미니 스커트 (Micro Mini Skirt)
속옷을 가릴 정도의 짧은 길이의 스커트

미니 스커트 (Mini Skirt)
무릎위로 30~40cm 올라간 길이의 스커트

무릎길이 스커트 (Knee Length Skirt)
무릎에서 약 5cm 정도 내려오는 길이의 스커트

미디 스커트 (Midi Skirt)
무릎과 발목의 중간길이의 스커트

맥시 스커트 (Maxi Skirt)
발목까지 오는 길이의 스커트

풀 길이 스커트 (Full Length Skirt)
바닥에 닿는 길이의 스커트

1 기본 스커트 원형 제도

| Side |

| Front |

| Back |

 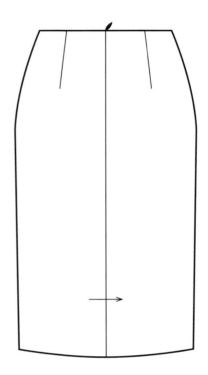

디자인 특징

허리선 아래 (하체) 인체 구조 특징을 이해하고, 옆선의 위치를 설정하여, 앞면, 측면, 뒷면의 체형에 적합한 다트량을 산출하고 분할한다 .

허리 밴드없이 몸판만 제도하여 스커트 패턴 제도시 출발점으로 활용한다.

모든 스커트 패턴의 출발점으로 스커트 원형 패턴이다.

● 적용 사이즈

(단위 : inch)

구분 항목	인 체	패 턴	완성 패턴
허리둘레	26	26	26
엉덩이둘레	36	36	36
스커트길이	23	23	23

1) 기초선제도

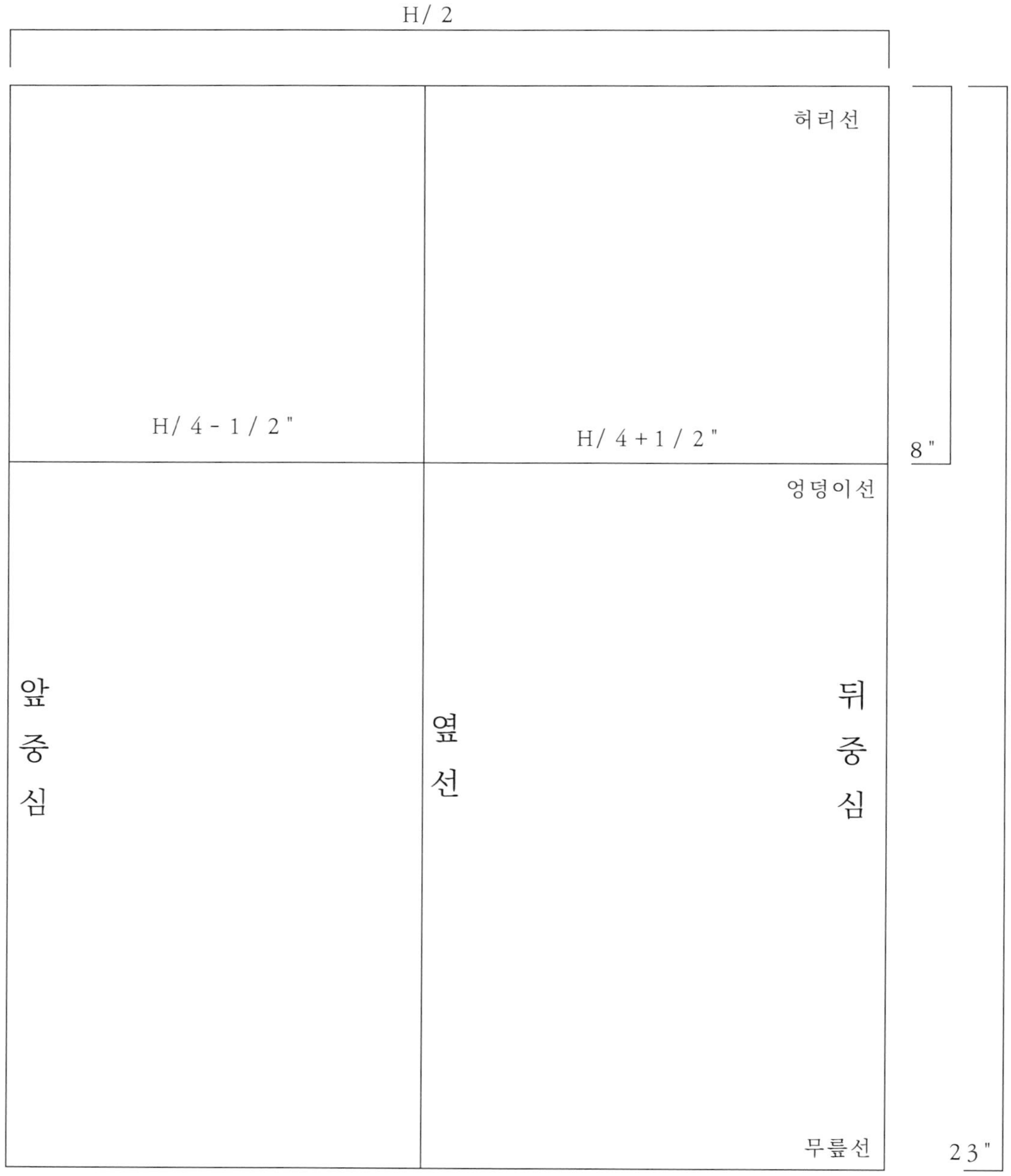

▶ 스커트폭 : H/2 = 18"

▶ 스커트길이 : 23"

▶ 엉덩이길이 : 8"

▶ 옆선 : H/4 ± 1/2" (앞판보다 뒤판을 크게 제도한다).

[그림2]를 보면서 하체의 구조적 특징을 살펴보고 이해하도록 하자.

스커트, 바지등의 하의류는 허리둘레치수와 엉덩이둘레치수를 기준으로 패턴제도를 한다.

[그림2]을 보면 허리 둘레치수의 이등분점A, 엉덩이둘레치수의 이등분점 B로 표시하였다. 허리둘레 이등분점 A와 엉덩이둘레 이등분점 B를 각각 수직선을 그으면 A와B가 일치하지 않는다는 것을 알 수 있다. 이는 하체의 구조가 앞과 뒤가 다른 형태이므로 당연한 결과이다.

체형의 따라서 A와 B의 거리 차이는 있지만 A와 B가 일치하지 않는다는 것을 이해하는 것이 중요하다.

스커트나 바지를 착장하였을 때 옆선이 정면에서 보이지 않게 하기 위해서 앞과 뒤의 엉덩이둘레치수를 같게 하거나, 앞을 크게 제도할 때는 반드시 앞판의 허리치수가 뒤판의 허리치수보다 크게 제도 되는 것이 인체의 구조에 적합하다.

모델리스트는 이러한 인체의 구조적 특징을 정확히 이해하고 옆선 제도시 허리치수와 엉덩이둘레 치수를 결정해야 옆선을 스트레이트선으로 만들 수 있다.

저자는 옆선의 위치를 허리의 이등분점을 기준으로 엉덩이둘레를 분할하여 앞판의 엉덩이 둘레를 적게 하고, 뒤판의 엉덩이둘레를 크게 제도하는 방법으로 설명하고자 한다.

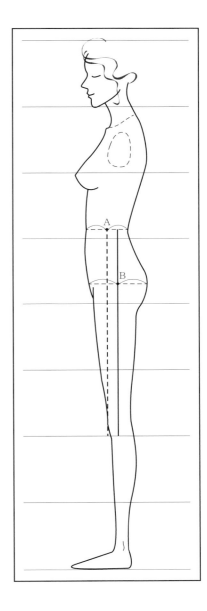

2) 다트양 산출 및 분할

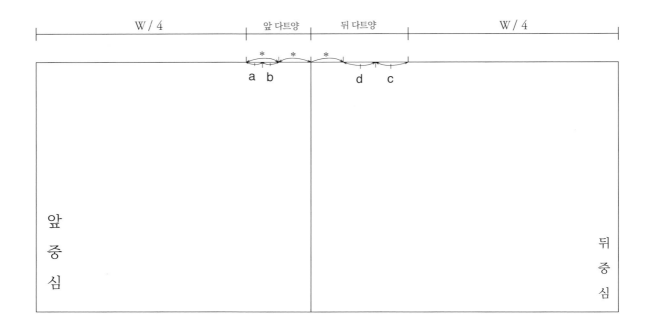

① 앞 다트량은 앞 허리선에서 완성 길이인 W/4(= 6.1/2") 을 뺀 나머지길이다.

② 다트량의 절반은 옆선 다트양(* (=1"))

　 나머지 절반은 앞판 다트양(a+b=1")

③ 뒤판 다트양은 뒤 허리선에서 완성 길이인 W/4(= 6.1/2")을 뺀 나머지길이다.

④ 뒤 옆선의 다트양(은 앞 옆선의 다트량과 동일한 치수로 한다.(* (=1")).

⑤ 나머지가 뒤판 다트양(c+d=2")

3) 다트 위치 및 다트 길이 설정

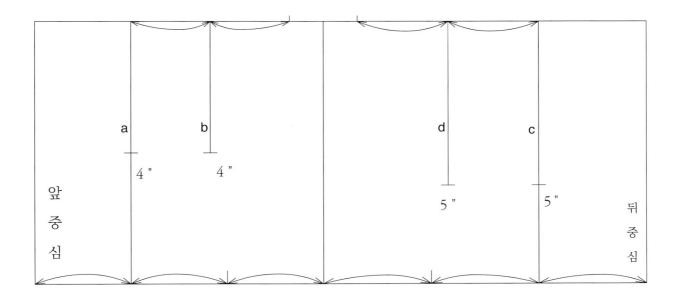

① a = 앞판 엉덩이둘레의 3등분점

② b = 앞판 나머지 허리의 2등분점

tm③ c = 뒤판 엉덩이둘레의 3등분점

④ d = 뒤판 나머지 허리의 2등분점

⑤ 다트의 길이는 앞은 4", 뒤는 5"를 적용한다.

TiP 2 다트 그리기

스커트 패턴은 엉덩이둘레 치수를 기준으로 제도되므로 엉덩이둘레 치수와 허리둘레 치수의 차이를 허리선에서 다트, 턱, 이세 등으로 줄여주어야 한다. 스커트원형은 다트를 이용해서 제도한다.

• **다트 위치 :** 일반적으로 허리선과 힙선을 일정하게 등분하여 설정하는데 이는 균형을 맞추기 위한 방법이지 고정된 위치설정방법은 아니다. 다트 제도 시 균형을 맞추는 것도 필요하지만 보다 중요한 것은 도식화를 기반으로 디자인적 의도를 반영하여 다트위치를 설정하는 것이 바람직하다.

• **다트 길이 :** 체형에 적합한 다트의 길이는 앞은 중심쪽이 바깥쪽 보다 짧고, 뒤는 중심쪽이 바깥쪽 보다 길어야 인체의 구조에 적합하다. 하지만 의복은 인체의 구조를 기반으로 여유를 주어 새로운 형태를 조형하는 것이기 때문에 두 개의 다트 길이를 같게 하거나 반대로 하여도 된다.

• **다 트 양 :** 다트의 길이에 비례하게 다트의 길이가 긴 쪽에 다트양도 많게 제도하는게 보다 안정된 형태를 만들 수 있다.

4) 다트 제도

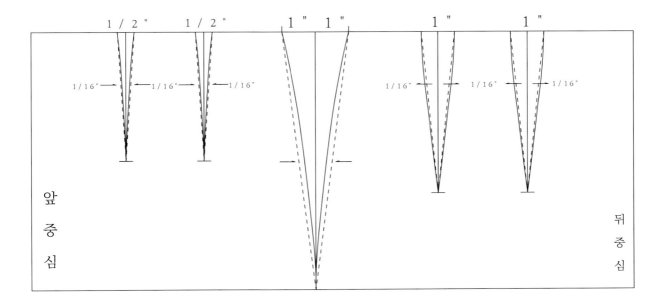

① 먼저 직선으로 (점선) 다트 안내선을 제도한다.

② 앞 다트는 아랫배의 돌출 크기 정도에 맞추어 착장시 눌리지 않고 편안한 상태가 되도록

　볼록하게 곡선으로 제도한다.

③ 옆 다트도 볼록하게 곡선으로 제도한다.

④ 뒤 다트는 오목하게 곡선으로 제도한다.

5) 허리선 정리

(1) 다트끝점을 연결하여 앞·뒤 중심선쪽으로 절개선을 넣는다.

(2) 절개선을 자른 후, 다트의 시접이 앞·뒤 중심선 쪽으로 향하도록 접는다.

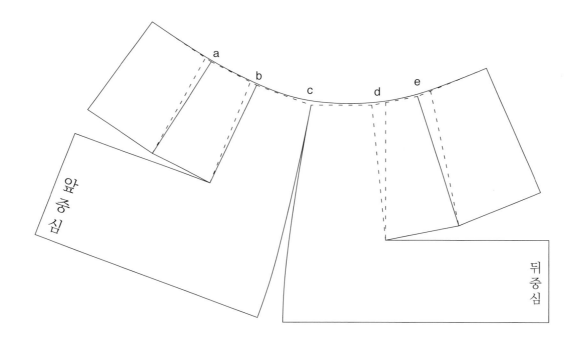

앞 중심선에서 뒤 중심선까지 자연스러운 곡선으로 허리선을 제도한다.

다트양의 크기와 길이에 따라서 a, b, c, d, e에서 채워지는 분량이 다르게 형성된다.

스커트 원형 완성

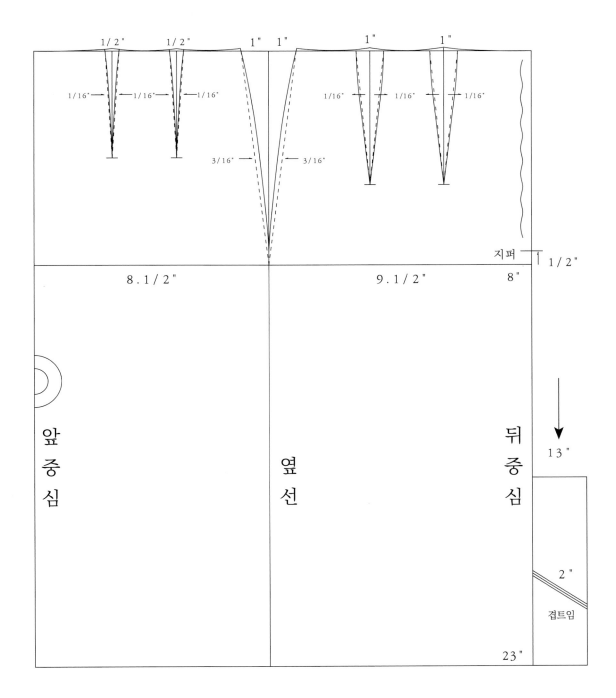

앞
중
심

옆
선

뒤
중
심

8.1/2"

9.1/2"

8"

지퍼

1/2"

13"

2"

겹트임

23"

뒤트임 보폭의 확보를 위해 뒤트임을 만들어준다.

밑단 폭이 좁을수록 트임을 길게 하여 불편함을 최소화해야 한다.

뒤트임의 한계선은 제 허리선에서 13" 내려온 지점이다. 그 이상 올라가게 되면 속옷의 노출

우려가 있으므로 이를 기준으로 스커트 길이 및 밑단 폭을 고려하여 트임의 위치를 설정한다.

| Side |

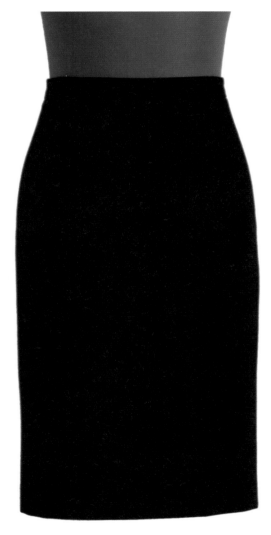

| Front |

| Back |

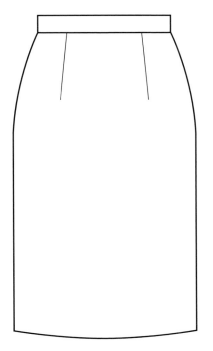
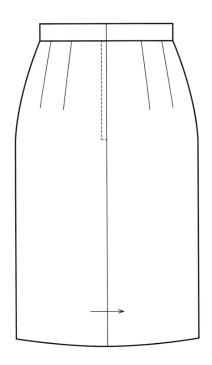

디자인 특징

1. 허리밴드는 인체의 허리선에서 위쪽으로 형성된 일자밴드이다.

2. 엉덩이에서 밑단으로 수직으로 떨어지는 H라인 실루엣이다.

3. 보폭을 확보하기 위해 뒤트임을 넣었다.

● 적용 사이즈

(단위 : inch)

구분 / 항목	인 체	패 턴	완성 패턴
허리둘레	26	26.1/2	26.1/2
엉덩이둘레	36	36	36
스커트길이	23	23	24(밴드 포함)

1) 허리 일자밴드 제도

허리 밴드 전체 둘레길이 내·외경차이를 고려하여 26.1/2"를 적용한다.

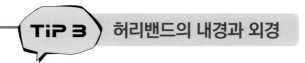

TiP 3 허리밴드의 내경과 외경

평면으로 제도되는 허리 밴드는 착장 시 입체화 되는 형태가 되므로 [그림 3]에서 내경B가 신체 치수와 같아야 된다. 그러기 위해서는 외경 A의 치수는 B(신체)의 치수 보다 일정 정도 크게 제도되어야만 한다. 소재의 두께 및 시접처리. 심지사양 등을 고려하여 크게 제도한다.

1/4"(얇은 소재) ~3/4"(두꺼운 소재) 일반적으로 1/2"정도 신체 치수보다 크게 제도하면 된다.

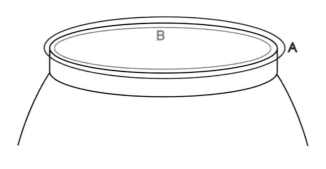

2) 몸판 수정

스커트 원형 패턴에서 허리밴드 길이와 봉제 시 필요한 몸판 전체 이세량 1/2"을 고려하여 옆선의
다트를 1/4"씩 줄여서 허리치수를 1" 커지게 수정 제도한다.

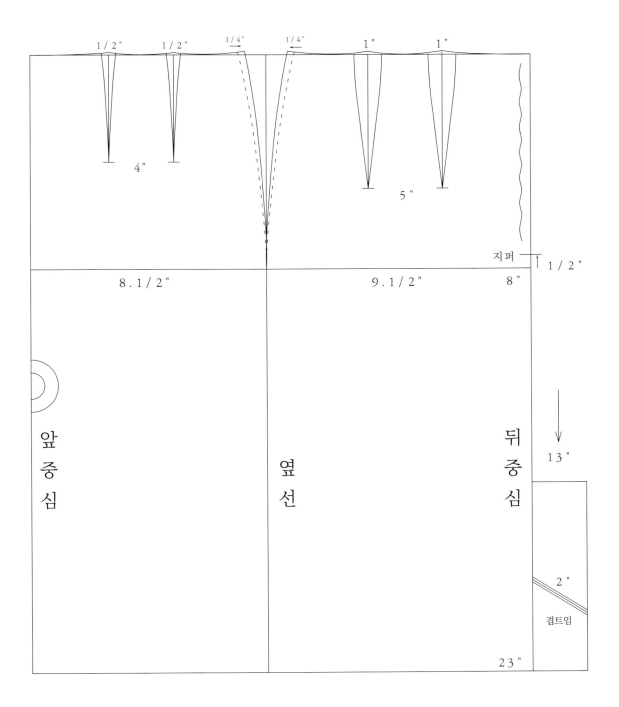

3) 허리선 정리

(1) 다트 끝점을 연결하여 앞·뒤 중심선 쪽으로 절개선을 넣는다.

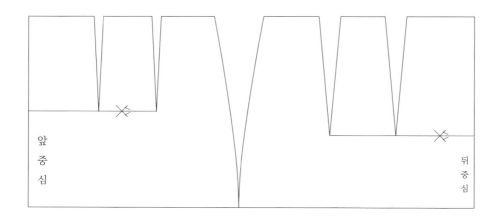

(2) 절개선을 자른 후, 다트의 시접이 앞·뒤 중심선 쪽으로 향하도록 접는다.

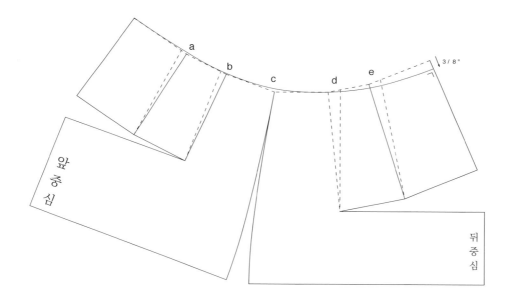

- 뒤 중심선에서 3/8"를 내린다.

  앞 중심선에서 뒤 중심선3/8" 내린 지점으로 자연스러운 곡선이 되도록 허리선을 제도한다.

  이때 뒤 중심선에서 1"정도는 평행선이 유지되도록 제도한다.

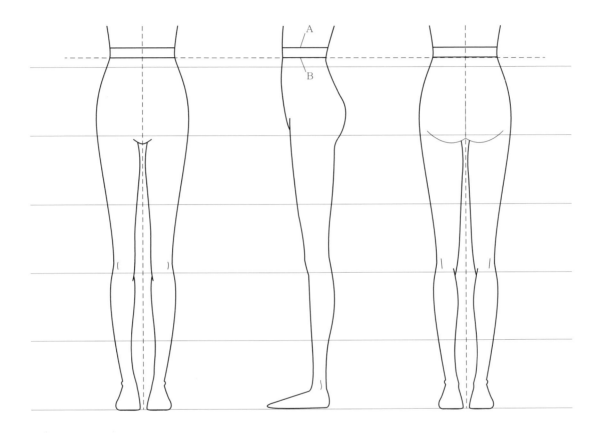

일자밴드는 위 둘레(A)와 아래 둘레(B)의 치수가 동일하나 인체는 위 둘레(A)가 아래 둘레(B)보다 크다.
일자밴드의 위 둘레가 신체의 위 둘레보다 작은 상황이므로 허리밴드가 제도 위치에 안착되질 못하고 치
수 차이가 가장 많은 뒤 중심 부위에서 내려가는 현상이 발생하고, 스커트 뒤 중심 몸판 부분이 남는 현상
으로 나타나게 된다. 이를 해결 하는 방법으로 스커트 뒤 중심에서 허리선을 3/8"정도 내려서 제도한다.
일자밴드 폭이 3/4"일 때 – 1/4", 1"일 때 – 3/8", 1.1/4"일 때 −1/2"정도 뒤 허리선 중심을 내려
주면 된다.

제 허리 일자밴드 스커트 완성

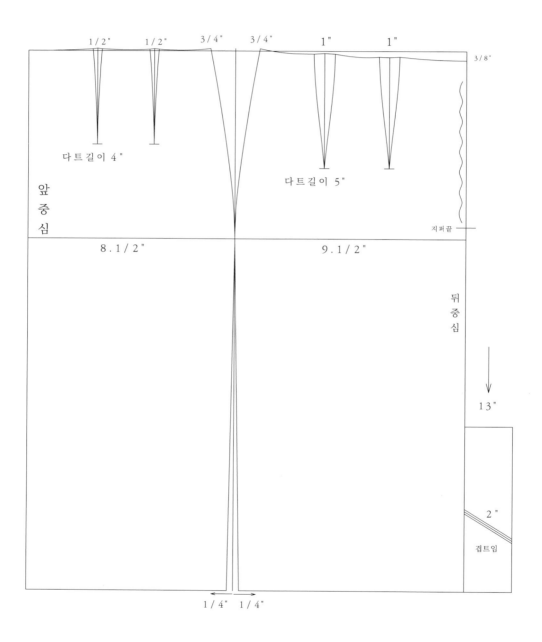

> **옆선 그리기** 엉덩이선에서 밑단으로 수직으로 제도하면 밑단부위에서는 착장 시 엉덩이 둘레에서 처럼 받쳐주는 힘이 없어서 옆으로 퍼지는 형태가 되어 살짝 A 형태가 되므로, 옆선 에서 1/4" 정도 적게 해 주어야 수직 형태를 만들 수 있다.

3 **High waist** Skirt

| Side |

| Front |

| Back |

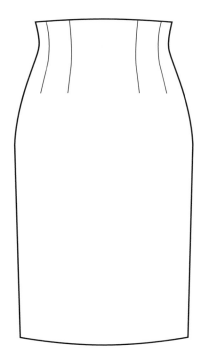

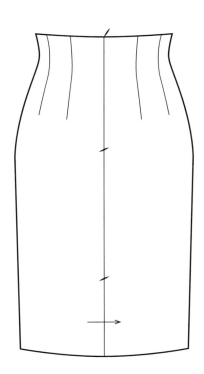

⚙ 디자인 특징

인체의 허리선보다 2인치 높은 허리선으로 구성된 직선적 실루엣의 스커트

● 적용 사이즈

(단위 : inch)

구분 / 항목	인 체	패 턴	완성 패턴
허리둘레	26		26.1/2
엉덩이둘레	36	36	36
스커트길이	23	23	25

1) 몸판 제도

스커트 원형 패턴에서 전체 허리둘레 내 외경 길이 차이 1/2"고려하여, 옆선의 다트를 1/8"씩 줄여서
허리치수가 1/2"커지게 수정 제도한다.

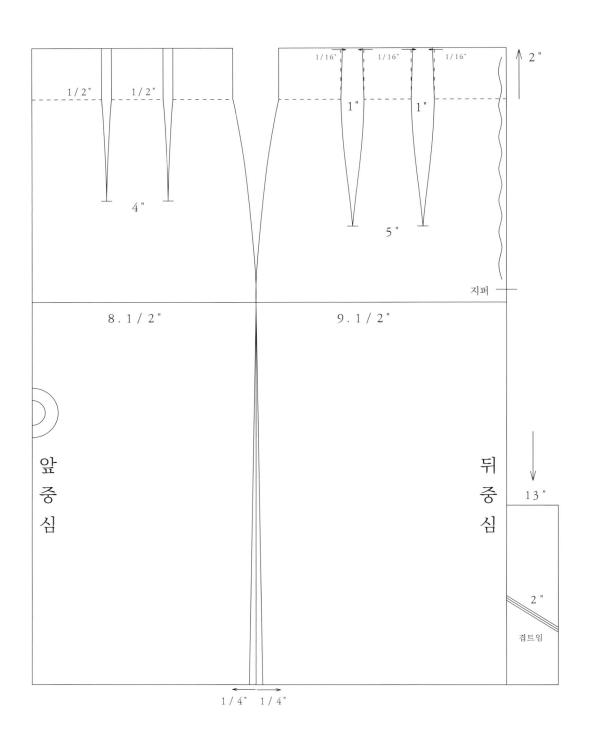

2) 허리선 높이기

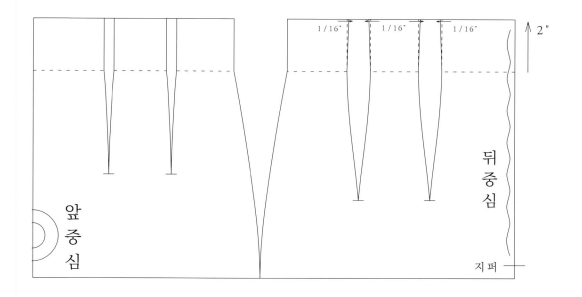

① 제 허리 수평선 에서 2" 높여서 새로운 허리선을 수평선으로 제도한다.

② 앞판과 옆선은 다트의 연장선을 수직으로 제도한다.

③ 뒤판은 다트의 연장선을 위 둘레가 1/16"씩 크게 전체 1/4"가 커지게 제도한다.

　※ 앞면과 옆면은 인체의 변화가 적기 때문에 윗둘레 길이를 키우지 않아도 된다.

3) 허리 안단 패턴제작

몸판 패턴에서 안단 패턴 부분만 분리하여 안단 패턴을 제작한다.

허리 안단 완성된 형태가 그림처럼 되는 이유는 인체의 형태가 위로 갈수록 커지기 때문이다.

하이웨이스트라인 스커트 완성

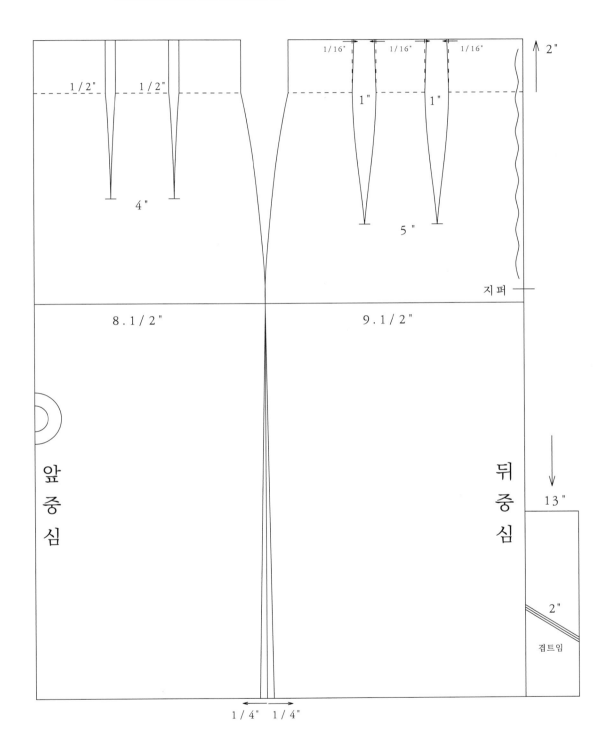

옆선은 곡자를 이용하여 밑단에서 1/4씩 줄여서 스트레이트 핏 으로 제도한다.

4 **Low waist** Skirt

| Side |

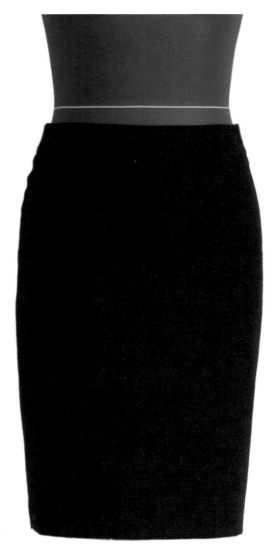

| Front |

| Back |

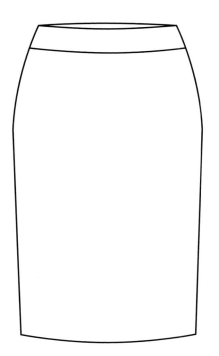

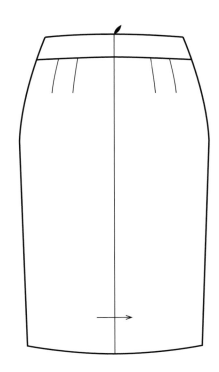

디자인 특징

1. 몸에 꼭 맞고 엉덩이둘레보다 밑단을 좁게 하여 가느다랗게 보이는 실루엣이다.
2. 허리밴드는 허리선에서 약간 내려온 지점에 형성되는 로우 웨이스트 밴드이다.
   밴드는 뒷중심 보다 앞중심 쪽이 더 내려와서 뒤쪽에서 앞쪽으로 경사진 형태로 착장된다.
3. 보폭을 확보하기 위해 뒤트임을 넣었다.
   밑단 폭을 좁게 하였으므로 활동성을 확보하기 위해 뒤트임의 길이는 제 허리 일자밴드 스커트 보다 길게 만든다.

● 적용 사이즈

(단위 : inch)

구분 항목	인 체	패 턴	완성 패턴
허리둘레	26	26	밴드 윗둘레 27.5/8 밴드 밑둘레 30.1/4
엉덩이둘레	36	36	36
스커트길이	23	23	22

1) 몸판 제도

스커트 원형 패턴에서 옆선의 다트를 1/4"씩 키워서 전체 허리치수가 1" 적어지게 수정 제도한다.

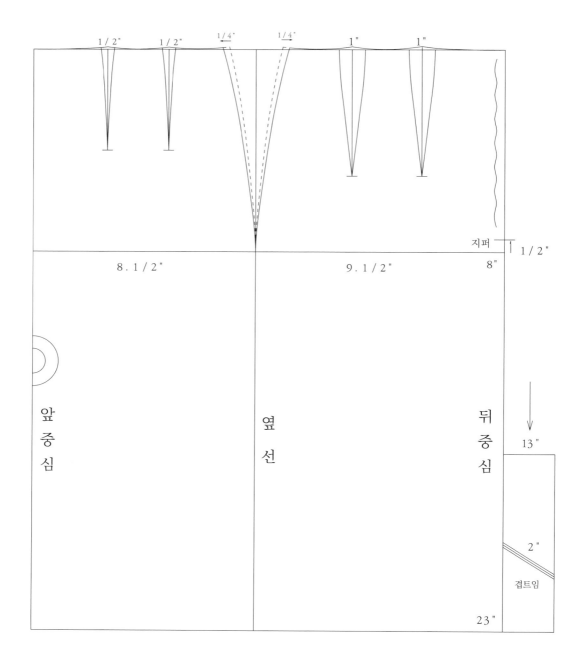

스커트원형은 중힙 부위에 일정 정도의 여유 량이 포함되어 있는 패턴이다.

로우 웨이스트 밴드 제도 시에는 중힙 둘레의 여유 량을 빼 주고 제도되어야 원하는 착장 위치에 밴드를 형성
할 수 있다. 그래서 스커트원형 보다 옆선에서 다트량을 1/4"씩 크게 제도하여 중힙의 치수를 줄여준 것이다.

2) 로우 웨이스트 밴드 제도

로우 웨이스트 허리밴드는 인체의 제 허리선에서 약간 내려온 지점에 형성되고, 뒤 중심보다 앞 중심쪽
이더 내려와서 허리선이 경사진 형태로 밴드가 착장된다. 이 때 착장위치 및 앞뒤 경사는 디자인적 요인으
로 브랜드 고객의 연령대 및 트랜드 등을 반영하여 디자인을 하면 된다.

1단계 – 몸판 붙이기

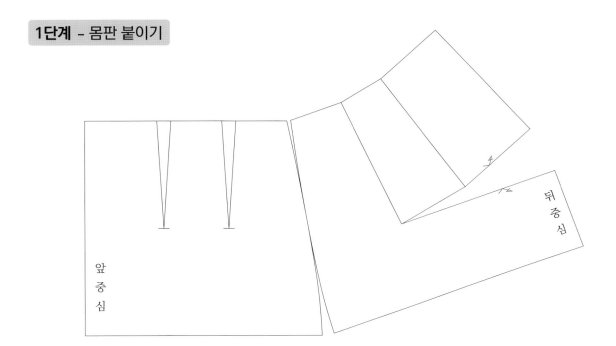

▶ 그림 처럼 뒤쪽만 다트를 접고 앞쪽은 다트를 접지 않고 옆선을 붙인다.

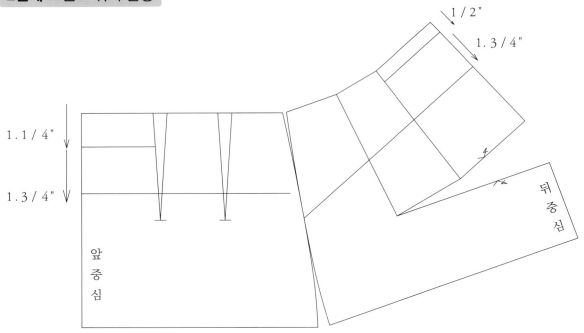

2단계 – 밴드 위치 설정

① 허리선에서 뒤 중심은 1/2" 내려온 지점을 표시,

② 앞 중심은 1.1/4" 내려온 지점을 표시.

③ 허리밴드의 폭은 1.3/4" 표시

④ 그림처럼 밴드의 아랫선을 앞뒤중심선에 직각으로 옆선까지 안내선을 그려준다.

⑤ 옆선은 앞 밴드 아랫선을 기점으로 그림처럼 허리선은 살짝 떨어지게 붙인다.

　– 밴드의 곡선을 최대한 자연스럽게 만들기 위함이다.

3단계 - 밴드 그리기

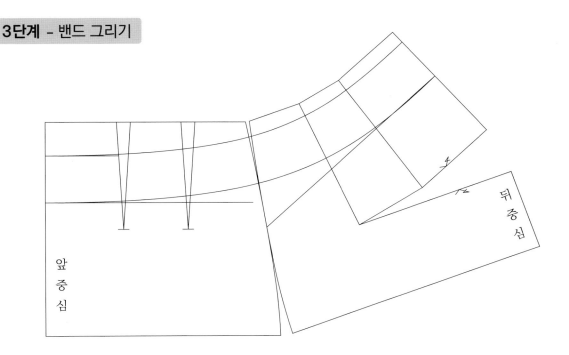

▶ 밴드의 아랫선을 먼저 자연스럽게 곡선을 만들고 동일한 폭으로 밴드 윗선을 제도한다.

   - 밴드의 자연스러운 곡선을 만들기가 윗선을 먼저 하는 방법 보다 쉽고 편리하다.

4단계 - 허리밴드 패턴 제작

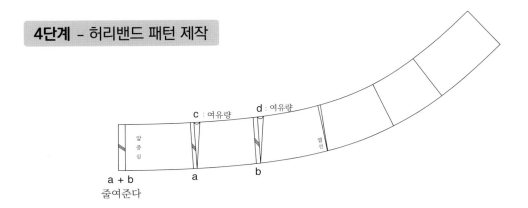

① 허리단과 몸판을 분리한다.

② 밴드에 남아 있는 다트량 a와 b을 그림처럼 앞중심선에서 평행하게 그림처럼 수정한다.

③ c와 d는 여유량으로 남겨두거나 디자인의 요구에 의해 m.p 처리를 할 수도 있다.

   - 스커트와 바지에서 인체 착장 위치를 결정 하는 곳은 밴드의 아래둘레에 의해 결정되므로 윗 둘레에 여유분을

     남겨두어도 착장 위치는 변하지 않게 되며, 윗 둘레 여유분의 많고 적음 정도의 따라서 밴드의 형태만 달라진다.

로우 웨이스트라인 슬림스커트 완성

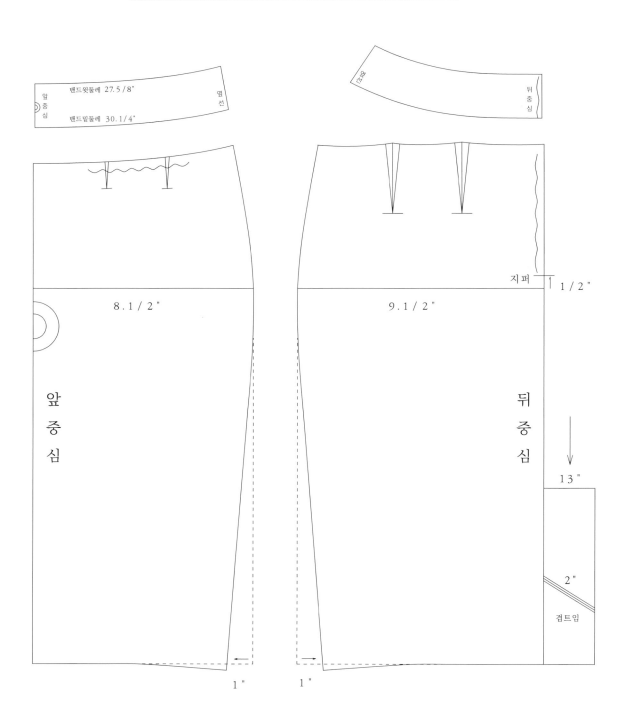

밴드윗둘레 27.5 / 8"
앞중심
밴드밑둘레 30.1 / 4"
옆선

선단
뒤중심

지퍼 1/2"

8.1 / 2"
앞중심

9.1 / 2"
뒤중심

13"

2"
겹트임

1"
1"

- 앞 몸판에 남아있는 다트 량은 밴드 연결 시 이세로 처리한다.(1/4"이하인 경우에 해당된다.)

- 옆선은 곡자를 이용하여 밑단에서 1"씩 줄여서 슬림 핏 으로 제도한다.

- 밑단의 각이 생기지 않도록 앞뒤판 패턴을 붙여서 자연스러운 곡선으로 보정한다.

| Front |

| Side |

| Back |

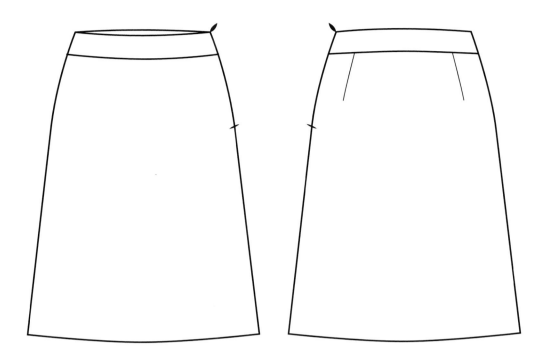

⚙ 디자인 특징

1. 허리에서 중힙 까지는 몸에 딱 맞으며 엉덩이 부위는 약간의 여유가 있으면서 밑단으로 내려가면서
   점점 넓어지는 A형태의 실루엣 스커트이다.

2. 허리밴드는 허리선에서 약간 내려온 지점에 형성되는 로우웨이스트 밴드이다.
   밴드는 뒷중심 보다 앞중심 쪽이 더 내려와서 뒤쪽에서 앞쪽으로 경사진 형태로 착장된다.

3. 뒤 중심선은 없으며 뒤 다트는 1개로 처리한다.

● 적용 사이즈

(단위 : inch)

구분 항목	인 체	패 턴	완 성 패 턴
허리둘레	26	26	밴드 윗둘레 27.5/8 밴드 밑둘레 30.1/4
엉덩이둘레	36	36	36.3/4
스커트길이	23	23	22

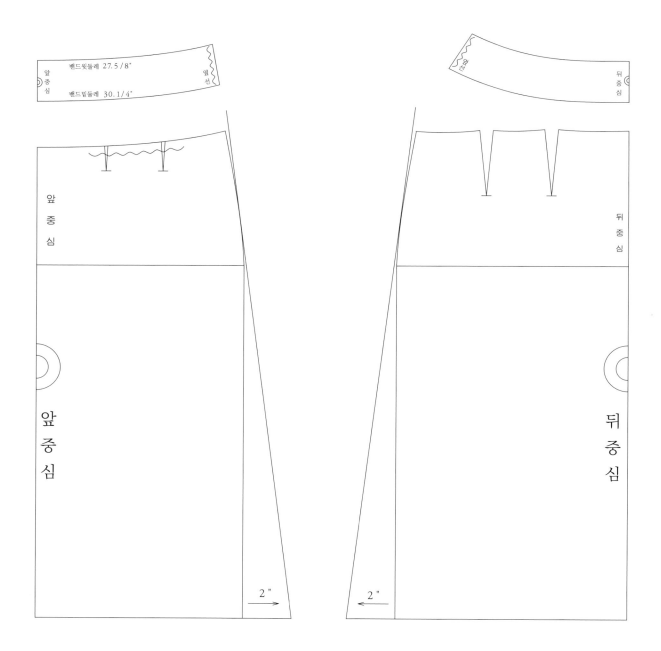

1) 몸판 제도

로우 웨이스트라인 스커트패턴에서 밑단의 폭을 확장하여 제작한다.

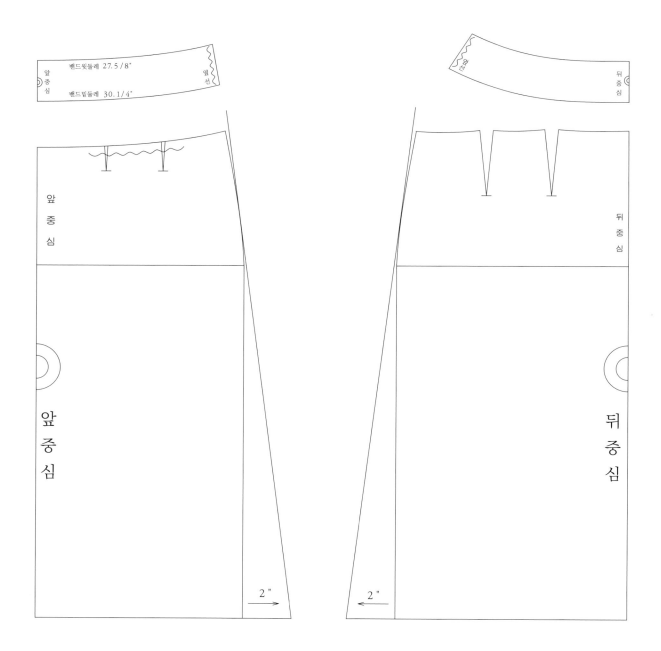

밴드윗둘레 27.5 / 8"
밴드밑둘레 30.1/ 4"

앞중심

옆선

뒤중심

앞중심

뒤중심

앞중심

뒤중심

2 "

2 "

① 밑단폭을 2"씩 키워준다.

② 밑단에서 시작하여 중힙부위 옆선에 처음만나는 지점과 직선으로 제도한다.

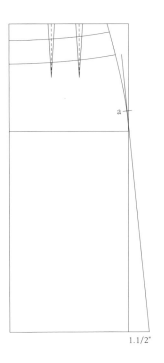
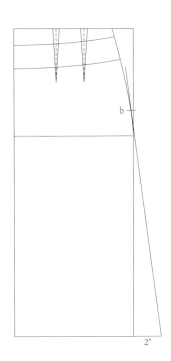
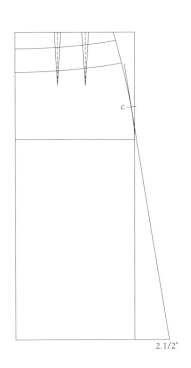

A라인 제도시 밑단에서 시작하여 옆선에 처음 만나는 지점을 직선으로 연결한다.

그림에서 처럼 밑단 A 라인 양에 따라 직선으로 중힙 부분의 처음 만나는 지점이 각각 a, b, c로
위치가 다르게 나타난다.

이렇게 제도되어야 안정된 A 라인 핏을 조형할 수 있다.

A라인 스커트 완성

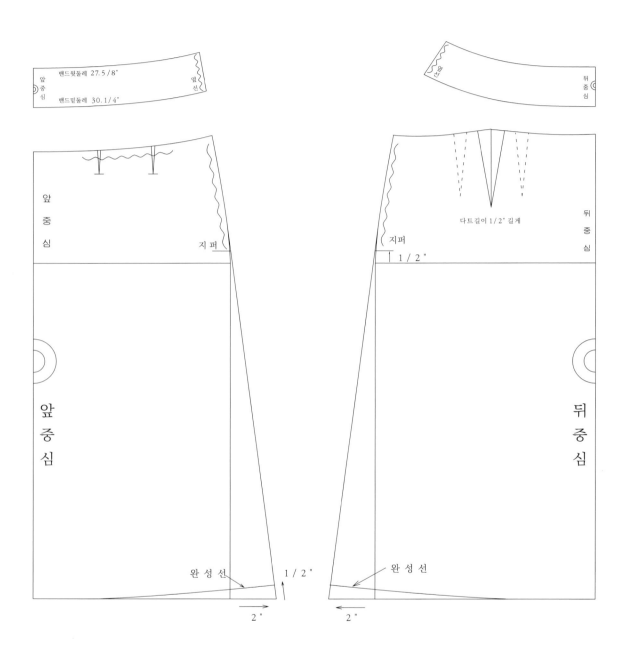

밴드윗둘레 27.5 / 8"
앞중심
밴드밑둘레 30.1/ 4"
옆선

선왕
뒤중심

앞중심

뒤중심

지퍼

지퍼
1 / 2 "

다트길이 1 / 2" 길게

앞중심

뒤중심

완성선
1 / 2 "

완성선

2 "
2 "

① 뒤판 다트는 중간지점으로 위치를 설정하여1개의 다트로 합치고 다트길이는 1/2" 길게 하여
   허리선을 수정 제도한다.

② 밑단 정리는 반드시 옆선을 붙인 상태에서 자연스럽게 곡선으로 정리한다.

③ 옆 지퍼로 표기한다.

memo

6 Semi Flare Skirt

| Side |

| Front |

| Back |

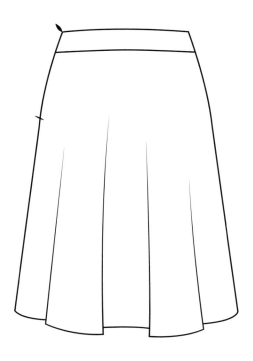

디자인 특징

1. 허리에서 중힙까지는 몸에 딱 맞으며 중힙선에서 밑단으로 내려가면서 나팔꽃 모양으로 퍼지는 형태이다.
2. 밑단의 완성폭은 엉덩이 둘레치수의 2배이다.
3. 플레어가 자연스럽게 형성되도록 원단을 바이어스 결로 사용한다.

● 적용 사이즈

(단위 : inch)

구분 항목	인 체	패 턴	완 성 패 턴
허리둘레	26	26	밴드 윗둘레 27.5/8 밴드 밑둘레 30.1/4
엉덩이둘레	36	36	40
스커트길이	23	23	22

1) 몸판 제도

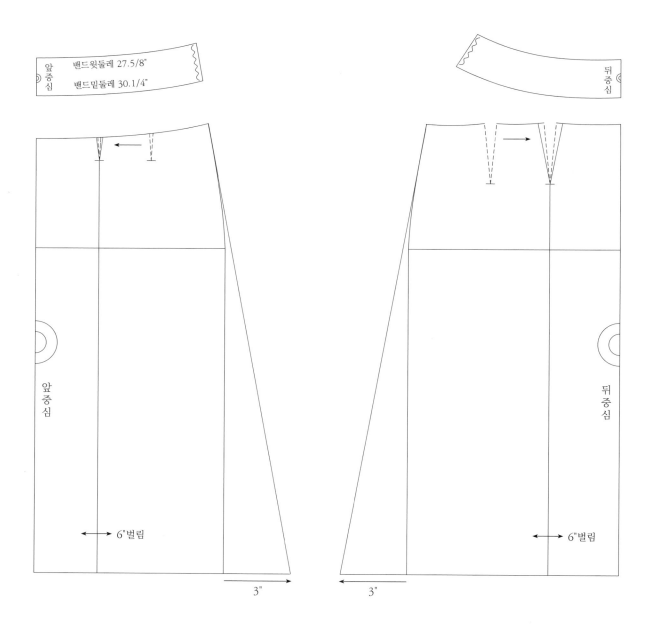

앞중심 밴드윗둘레 27.5/8"
밴드밑둘레 30.1/4"

뒤중심

앞중심

뒤중심

6"벌림

6"벌림

3"

3"

▶ 로우 웨이스트라인 스커트패턴에서 몸판을 균등하게 분할하여 밑단폭을 엉덩이
둘레치수 만큼 (=18") 키워준다.

① 앞, 뒤판 첫 번째 다트 끝점에서 밑단까지 절개선을 그리고 키울 분량 6"를 표기한다.

② 다트양을 그림처럼 하나로 합친다.

③ 옆선은 밑단에서 키울 분량 3"를 (앞뒤 합치면 6"가 된다)표시하여 옆선 중힙부위 처음만나는
지점과 직선으로 제도한다.

2) 플레어 전개

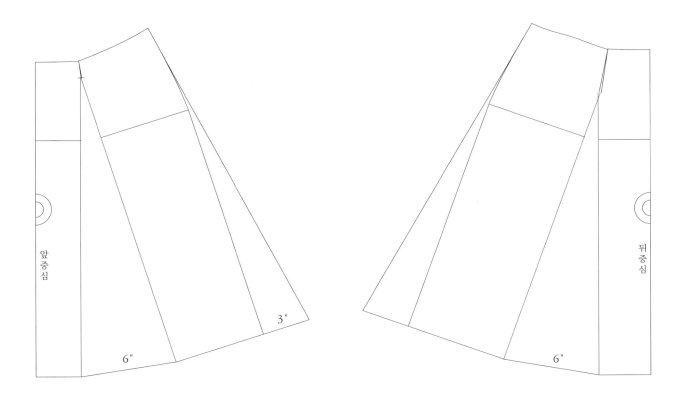

▶ 절개하여 몸판의 허리선을 기점으로 하여 밑단의 플레어를 벌려준다.
  이때 원래의 다트끝점이 앞은 벌어지고 뒤는 교차된다.

3) 허리1/4" M.P 처리

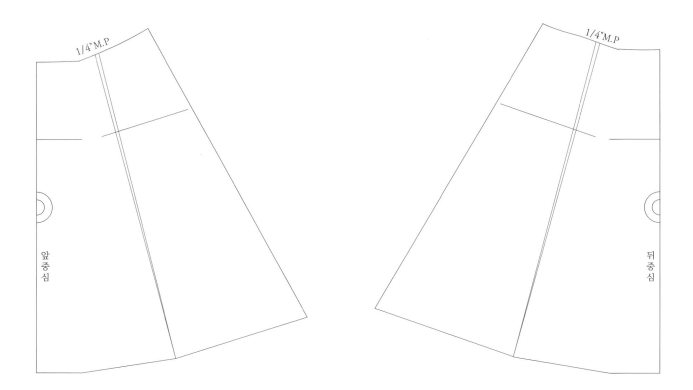

▶ 허리밴드와 몸판 연결 시 몸판은 바이어스결로 마름질이 되어 있어서 늘어남 현상으로
   봉제의 어려움을 겪게 되는데 이를 해결하기 위하여 허리밴드보다 몸판의 길이를 1/4"정도
   적게 해주어야 한다.

세미플레어스커트 완성

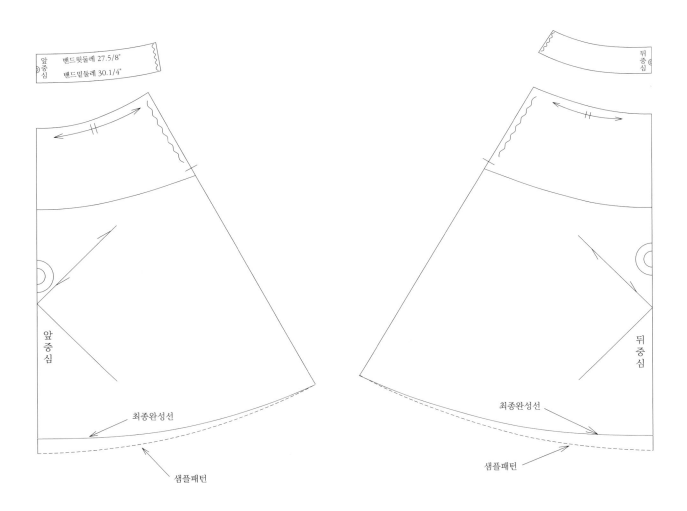

밴드윗둘레 27.5/8"
밴드밑둘레 30.1/4"
앞중심

뒤중심

앞중심

뒤중심

최종완성선

최종완성선

샘플패턴

샘플패턴

▶ 앞뒤중심선을 바이어스결로 표기한다.

▶ 세미플레어스커트는 바이어스결로 마름질 하여야 플레어가 자연스럽게 조형된다.

▶ 일반적으로 소재의 늘어나는 특성은 바이어스 〉 푸서 〉 식서 순으로 각각 다르기 때문에 밑단 정리는
샘플 완성 후 착장 상태에서 수평으로 정리하고 패턴에 반영하여 최종 패턴을 제작하는 것이 바람직하다.

TiP 7) 세미 플레어 스커트 밑단 정리 방법

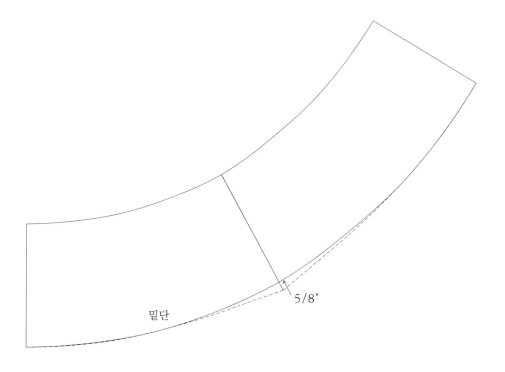

밑단

5/8"

옆선의 A라인 크기에 따라서 옆선의 밑단의 위치가 달라지므로 밑단정리는 반드시
앞뒤 옆선을 붙인 상태 에서 자연스러운 곡선으로 정리하여야한다.

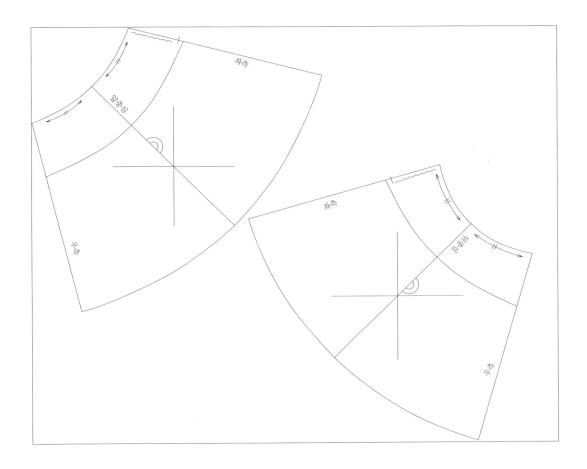

앞뒤 중심은 정바이어스, 앞뒤 우측은 세로 비바이어스, 앞뒤 좌측은 가로 비바이어스로 연결 부위의
식서가 앞뒤 동일한 식서로 되어있다.

원단 재단의 나쁜 예 – 연결부위 식서가 다른 경우

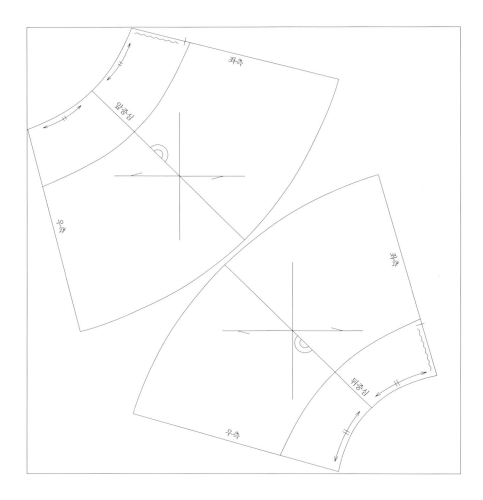

앞 앞우측은 가로, 뒤우측은 세로 비바이서스, 앞좌측은 세로 뒤좌측은 가로 비바이어스로 좌,우

연결부위의 식서가 앞뒤 다른 식서로 되어있다.

가로 비바이어스와 세로 비바이어스의 소재 늘어남 정도가 달라서 봉제시 어려움이 있으므로

좌우 동일한 식서로 재단해야 된다.

memo

7 180° **Flare** Skirt

| Side |

| Front |

| Back |

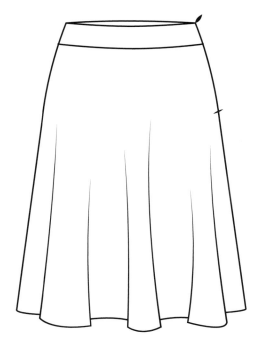
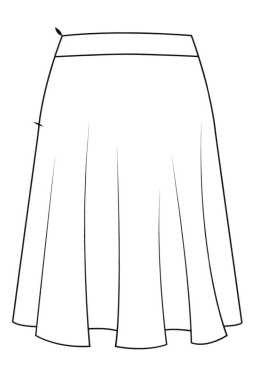

🌼 디자인 특징

1. 세미 플레어스커트보다 플레어 양이 많으며 허리선과 중힙선 사이에서 부터 플레어가 형성된다.

2. 플레어가 자연스럽게 형성되도록 원단을 바이어스 결로 사용한다.

● 적용 사이즈

(단위 : inch)

구분 항목	인 체	패 턴	완성 패턴
허리둘레	26	26	밴드 윗둘레 27.5/8 밴드 밑둘레 30.1/4
엉덩이둘레	36	36	36+플레어
스커트길이	23	23	22

07 180° 플레어스커트

1) 몸판 제도

세미플레어스커트 패턴에서 옆선이 45도가 되도록 밑단 폭을 벌려서 제작한다.

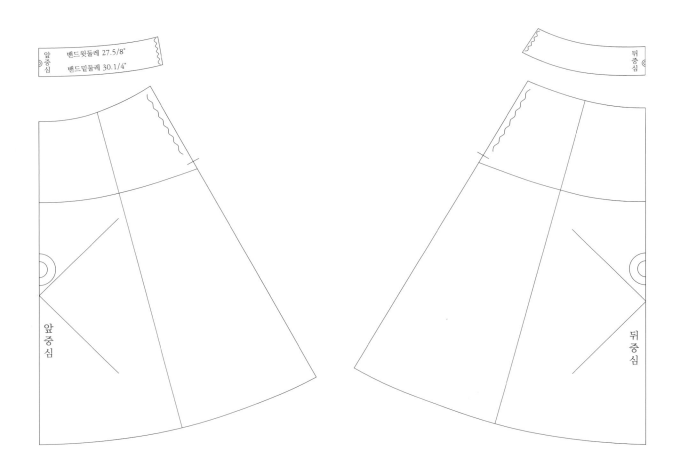

앞
중
심

밴드윗둘레 27.5/8"
밴드밑둘레 30.1/4"

앞
중
심

뒤
중
심

뒤
중
심

▶ 허리선과 밑단에서 각각 이등분하여 절개선을 넣는다.

2) 플레어전개

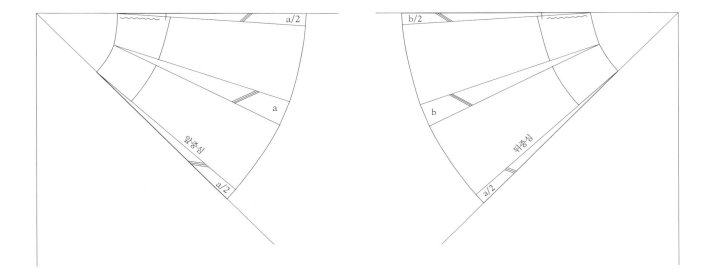

▶ 45° 각도를 그린다.

▶ 패턴의 절개선을 자른 후 45° 각도에 맞춰서 패턴을 벌려준다.

▶ 벌리는 양은 그림과 같이 벌려준다. (밑단의 플레어를 고르게 넣기 위함이다)

▶ 뒤판도 앞판과 동일한 방법으로 패턴을 전개한다.

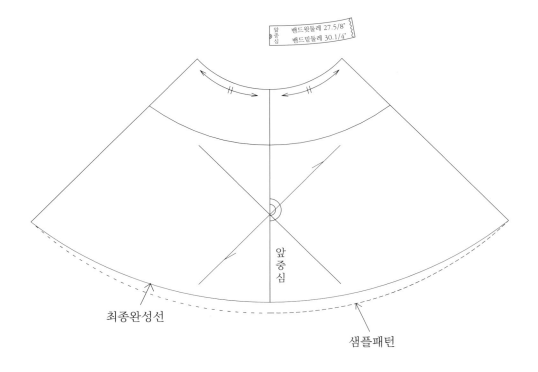

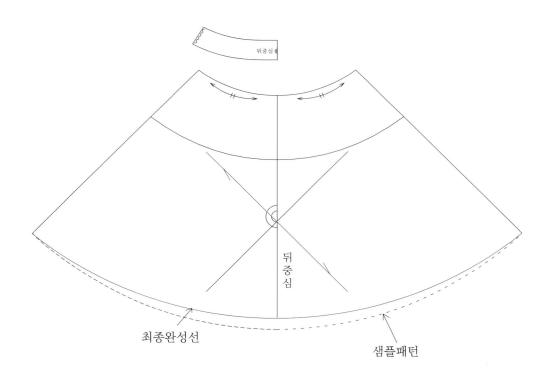

180° 플레어스커트 완성

밴드윗둘레 27.5/8"
밴드밑둘레 30.1/4"
앞중심

앞중심

최종완성선

샘플패턴

뒤중심

뒤중심

최종완성선

샘플패턴

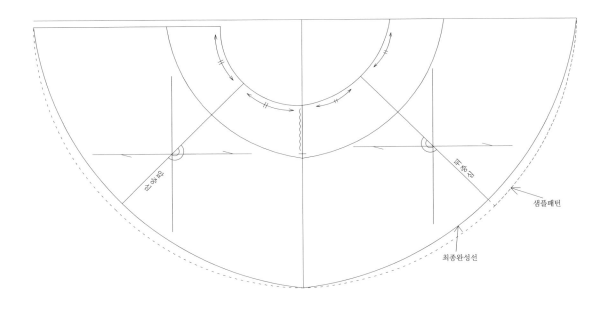

180° 플레어스커트는 앞, 뒤 중심을 바이어스 결로 마름질 하여야 플레어의 자연스러움과 옆선 연결시 소재의 늘어남을 최소화하여 품질을 높일 수 있다.

180° 플레어스커트는 앞, 뒤중심이 바이어스로 재단되어서 가장 많이 늘어난다.

일반적으로 소재의 늘어나는 특성은 바이어스>푸서>식서 순으로 각각 다르기 때문에 밑단 정리는 샘플 완성 후 착장 상태에서 수평으로 정리하고 패턴에 반영하여 최종 패턴을 제작하는 것이 바람직하다.

180° 플레어 스커트 원단 재단 방법

〈원단 재단의 좋은 예〉 연결부위 식서가 동일한 경우

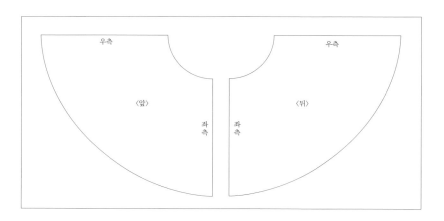

- 장점 – 체크, 스트라이프, 문양을 규칙적으로 맞출 수 있다.
- 단점 – 원단의 소모량이 많다.

〈원단 재단의 나쁜 예〉 연결부위 식서가 다른 경우

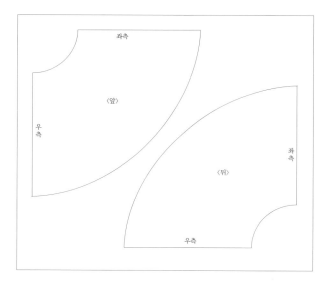

앞, 뒤 옆선의 식서가 서로 다를 경우 봉제 시 원단 밀림 현상으로 어려움이 있으므로 동일한 식서로 재단하는 것이 품질을 보다 높일 수 있다.

360° **Flare** Skirt

| Front |

| Side |

| Back |

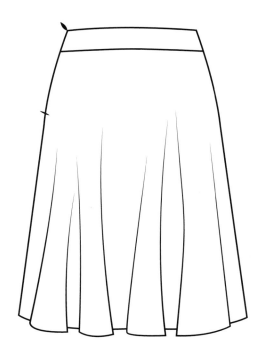

디자인 특징

착장시 허리선에서부터 플레어가 시작되어 밑단으로 내려가면서 넓고 풍성한 플레어가 형성되는 A라인 형태의 실루엣.

• 적용 사이즈

(단위 : inch)

구분 항목	인 체	패 턴	완성 패턴
허리둘레	26	26	밴드 윗둘레 27.5/8 밴드 밑둘레 30.1/4
엉덩이둘레	36	36	36+플레어
스커트길이	23	23	22

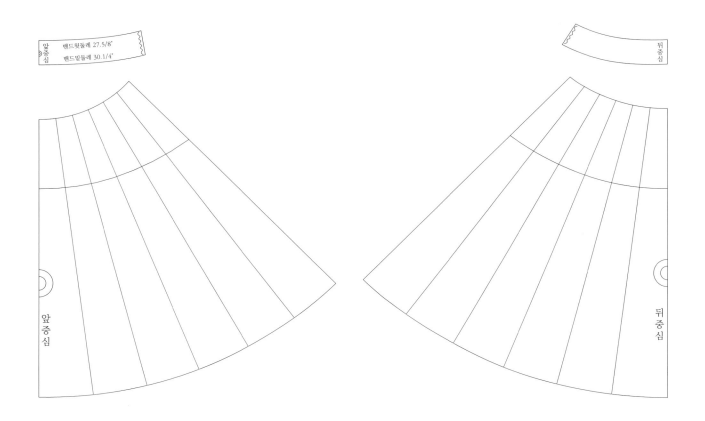

1) 몸판 제도

180도 플레어스커트 패턴에서 옆선이 90°가 되도록 밑단 폭을 벌려서 제작하면 된다.

앞
중
심
밴드윗둘레 27.5/8"
밴드밑둘레 30.1/4"

뒤
중
심

앞
중
심

뒤
중
심

▶ 허리선과 밑단에서 각각 균등하게 6등분 하여 절개선을 넣는다.

2) 플레어 전개

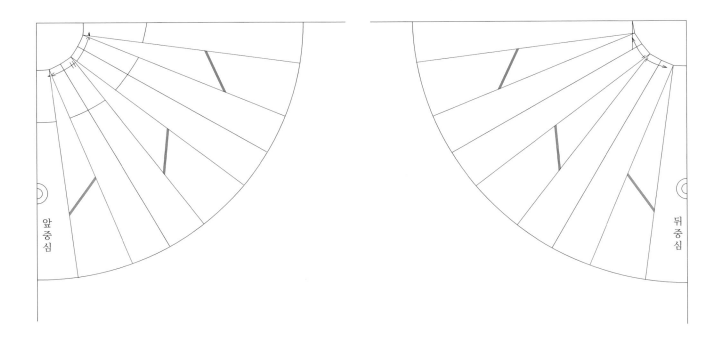

▶ 90° 각도를 그린다.

▶ 절개된 몸판을 밑단에서 균등하게 플레어 양을 벌려준다.

　이 때 벌어지는 양이 착장 시 플레어를 형성하게 되므로 균등하게 벌려 주는 것이 중요하다.

▶ 뒤판도 동일한 방법으로 패턴을 제작한다.

360° 플레어스커트 완성

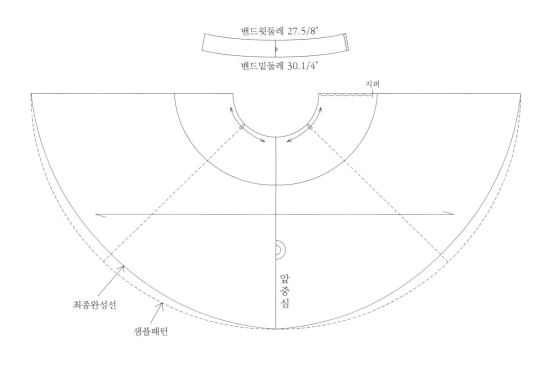

밴드윗둘레 27.5/8"

밴드밑둘레 30.1/4"

지퍼

최종완성선

샘플패턴

앞중심

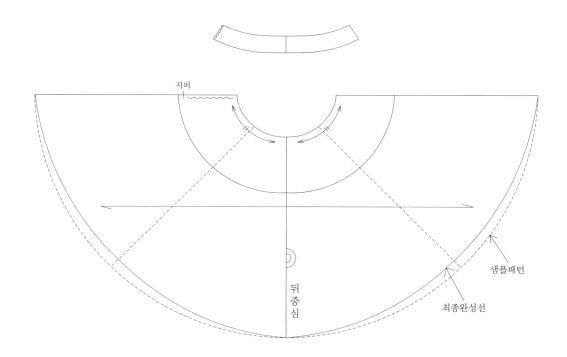

지퍼

뒤중심

샘플패턴

최종완성선

360°플레어스커트 밑단 정리 방법

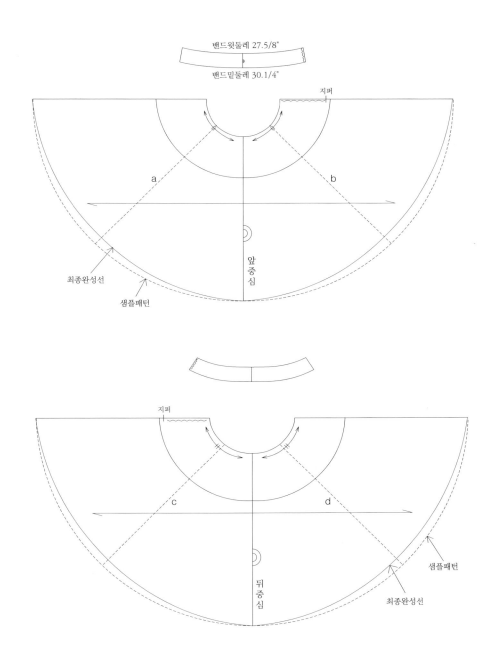

밴드윗둘레 27.5/8"

밴드밑둘레 30.1/4"

지퍼

a   b

최종완성선

샘플패턴

앞중심

지퍼

c   d

샘플패턴

뒤중심

최종완성선

360° 플레어스커트는 바이어스 부분이 180° 플레어스커트와는 다르기 때문에 바이어스 부분을 잘 인지하고 작업해야 한다.

360° 플레어스커트는 a b c d부분이 정바이어스로 가장 많이 늘어난다.

일반적으로 소재의 늘어나는 특성은 바이어스〉푸서〉식서 순으로 각각 다르기 때문에 밑단 정리는 샘플 완성 후 착장 상태에서 수평으로 정리하고 패턴에 반영하여 최종 패턴을 제작하는 것이 바람직하다.

TiP 13 360°플레어 스커트 원단 재단 방법

원단 재단의 좋은 예

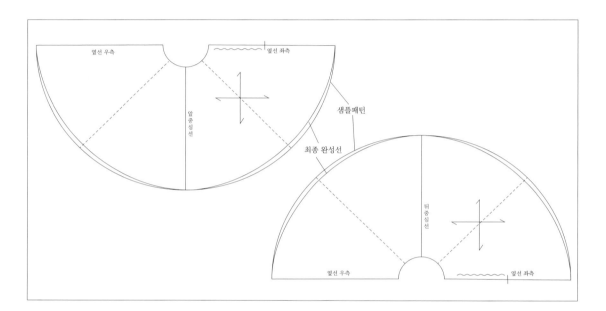

[그림 9] 원단 재단의 좋은 예

memo

9 **Gored Flare** Skirt

| Side |

| Front |

| Back |

고어드 플레어 스커트(Gored Flare Skirt)

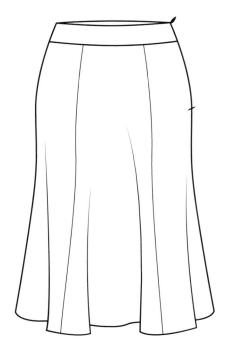 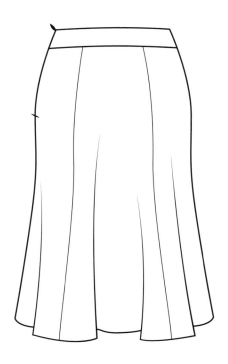

 디자인 특징

1. 앞판 3쪽, 뒤판 3쪽인 6쪽 고어드스커트.

2. 허리에서 허벅지까지는 꼭 맞고 밑단에서 세미 플레어가 형성되는 디자인이다.

● 적용 사이즈

(단위 : inch)

구분 항목	인 체	패 턴	완성 패턴
허리둘레	26	26	밴드 윗둘레 27.5/8 밴드 밑둘레 30.1/4
엉덩이둘레	36	36	36
스커트길이	23	27	27

1) 몸판 제도

로우 웨이스트 밴드 스커트패턴에서 길이를 연장하고 패턴을 분리하여 밑단의 폭을 확장하여 제작한다.

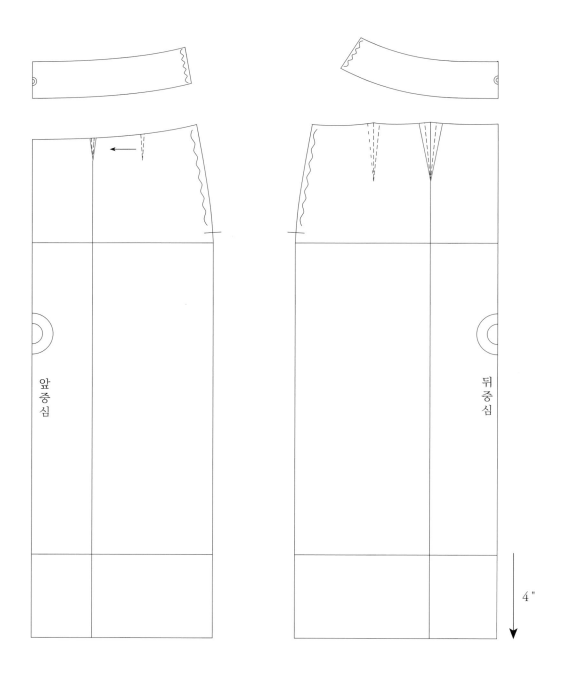

앞 중심

뒤 중심

4 "

① 스커트 길이를 4" 연장한다.

② 첫 번째 다트의 끝점을 밑단까지 수직으로 제도한다. (절개선이다)

③ 제도처럼 다트를 하나로 합친다.

2) 밑단 플레어 전개

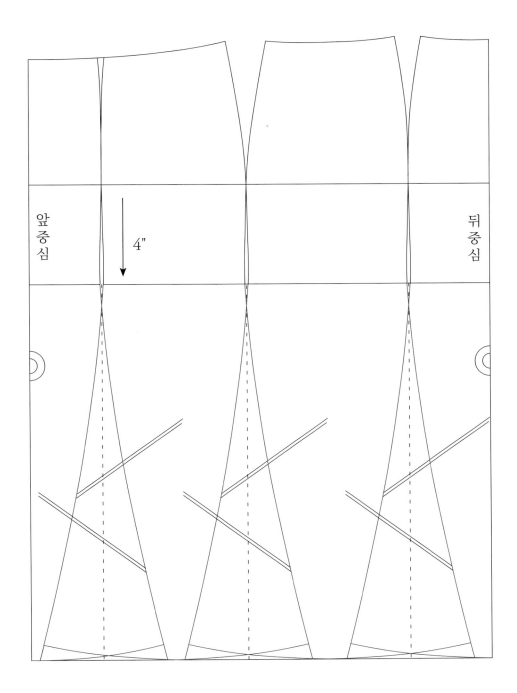

앞중심

4"

뒤중심

▶ 엉덩이 둘레선에서 4"내려온 지점에서 시작하여 밑단에서 3"씩 플레어를 교차 제도한다.

※ 전체플레어량은 엉덩이 둘레치수 만큼이 확장되어 세미 플레어와 동일하지만, 고어드 플레어스커트는
절개선이 있어서 플레어의 시작점과 플레어량, 플레어 형태 변화을 통하여 다양한 디자인 전개가 가능한
스커트의 기본 아이템이다.

고어드 플레어스커트 완성

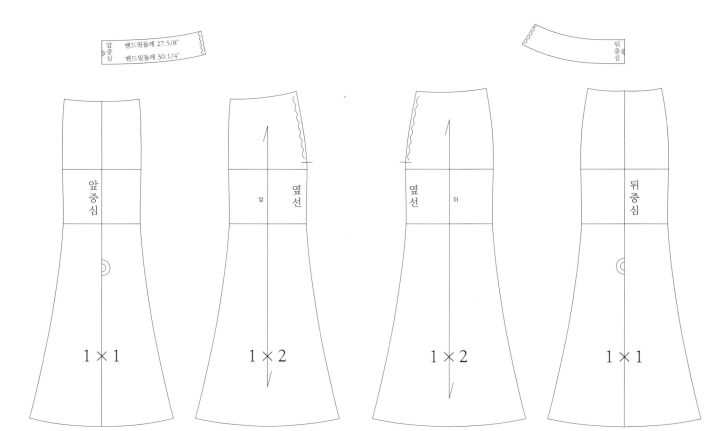

앞중심 밴드윗둘레 27.5/8"
밴드밑둘레 30.1/4"

뒤중심

앞중심
1 × 1

앞 옆선
1 × 2

옆선 뒤
1 × 2

뒤중심
1 × 1

Pleats Skirt

| Side |

| Front |

| Back |

플리츠 스커트 (Pleats Skirt)

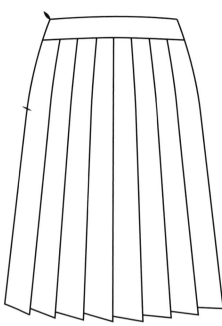

디자인 특징

앞, 뒤 전체 16쪽 주름으로 구성되었으며 착장 시 A라인 형태의 실루엣이다.

● 적용 사이즈

(단위 : inch)

구분 항목	인 체	패 턴	완성 패턴
허리둘레	26	26	밴드 윗둘레 27.5/8 밴드 밑둘레 30.1/4
엉덩이둘레	36	36	37
스커트길이	27	27	27

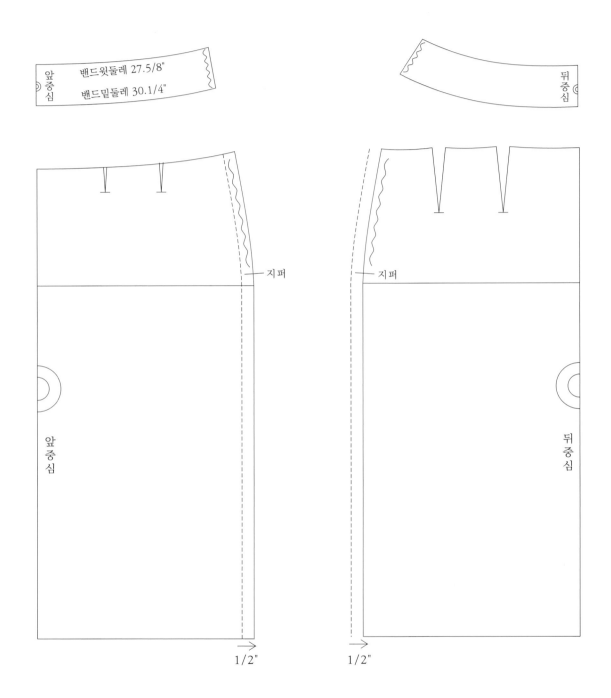

1) 몸판 제도

로우 웨이스트 밴드 스커트에서 원하는 만큼의 절개선을 넣고 주름 분을 넣어 제작한다.

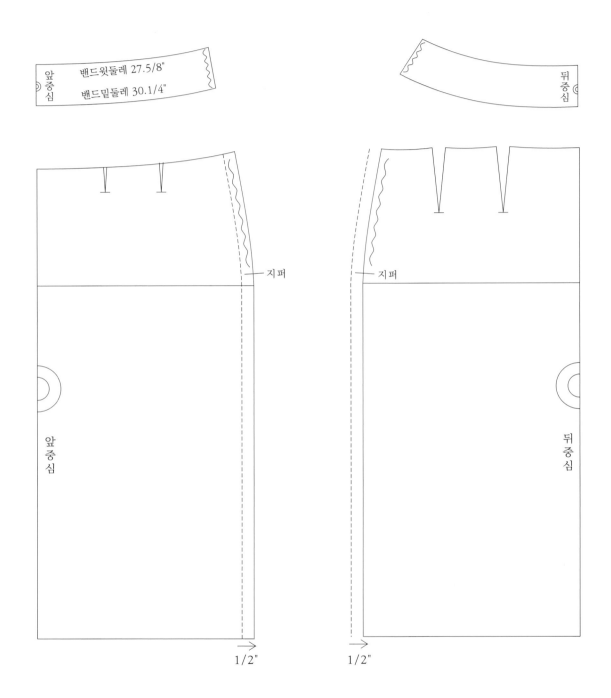

앞중심　밴드윗둘레 27.5/8"
　　　　밴드밑둘레 30.1/4"

뒤중심

지퍼

지퍼

앞중심

뒤중심

1/2"

1/2"

① 주름의 간격을 균등하게 하기 위해서 앞판은 키우고 뒤판은 줄여서 앞,뒤판 패턴의 크기를 동일하게 만든다.

2) 분할 및 다트 조정

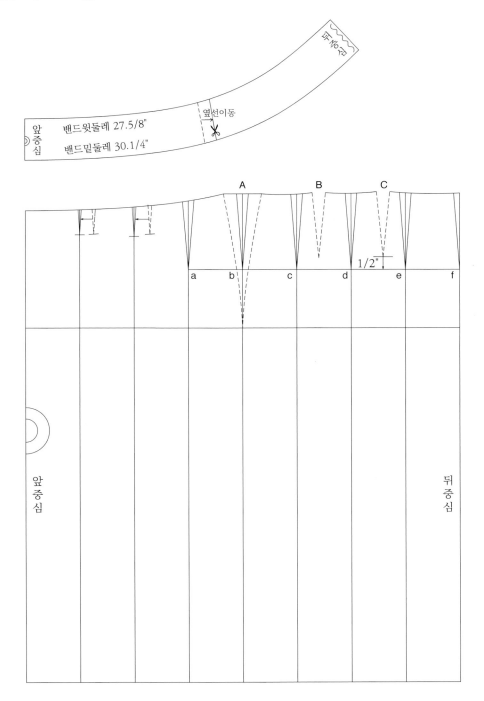

① 옆선 이동한 만큼 밴드의 옆선도 이동한

② 힙선을 기준으로 전체 균등하게 8등분으로 나눈다.

③ 앞판 다트는 그림처럼 절개선으로 이동한다.

④ 옆선의 다트량(A)와 뒤다트량(B, C)를 새로 생성된 주름선 a, b, c, d, e, f에 균등하게 분배하여
   (f는 절반) 다트를 만들어 준다. (다트길이는 동일하게 한다.)

3) 주름 분량 넣기

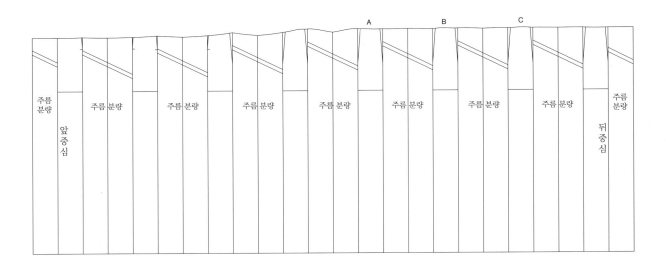

▶ 주름 분량은 패턴 조각의 두 배씩 넣는다.

4) 주름선 수정

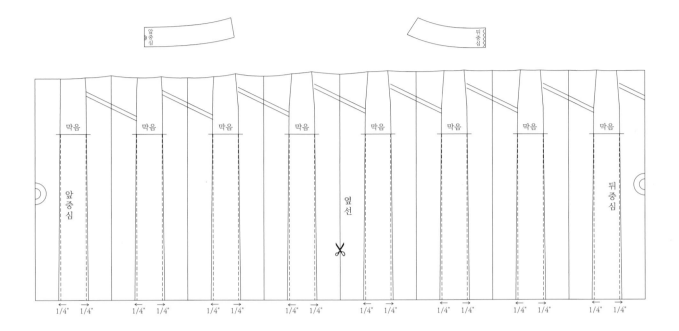

▶ 밑단에서 1/4"씩 몸판을 키워서 다트끝점과 직선으로 연결한다. (밑단의 주름 량은 적어진다)
  이로 인해 다트끝점에서부터 밑단에 이르기까지 몸판의 치수가 점점 커져서 훌 분량이 형성되어 착장 시
  밑단에서 주름이 벌어지지 않고 안정된 형태를 유지할 수 있다.

여유분 주기

플리츠스커트는 세 겹으로 겹쳐져서 인체에 착장되므로 완성된 제품의 엉덩이둘레 치수가 인체 엉덩이 둘레 치수보다 커야 주름이 벌어지지 않고 안정된 형태를 유지할 수 있다.

원단의 두께와 주름 분량을 고려하여 추가 분량을 결정한다.

추가 분량을 각각의 패널에 균등하게 나누어서 넣어준다. 이때 커진 분량은 몸판에서 먼저 이세 처리작업을 하고 허리밴드와 연결한다.

Chapter II.

바지 (Pants)

1. 바지 패턴 제도 시 필요한 요소

• 바지 패턴 4대 요소

① 완성된 제품의 엉덩이둘레 치수 ② 밑위길이 ③ 밑폭 ④ 앞뒤중심 기울기

이 4가지 요소의 발란스가 잘 맞아야 멋과 맵시가 있는 바지를 만들 수 있다.

• 본 교재에서는 바지를 다섯 가지 스타일로 구분한다

① 큐롯형 셔링바지 ②와이드 통바지 ③정장 바지(기본형) ④ 타이트 바지 ⑤데님 스키니로
구분하여 위 4가지 요소의 스타일별 변화와 기준점을 설명하려 한다.

1) 엉덩이둘레 치수

바지 스타일의 변화의 시작은 엉덩이둘레 치수의 변화를 바탕으로 이루어진다.

여유 량을 주지 않고 인체치수만으로 제작한 정장바지를 기준으로 원하는 스타일에 적합하게 엉덩이
둘레치수를 설정한다.

바지 종류	엉덩이둘레 치수
큐롯형 셔링바지	$H + 2''$
와이드 통바지	$H + 1''$
정장 바지(기본)	인체 치수($H = 36''$)
타이트 바지	$H - 1''$
스키니	$H - 2''$

2) 인체 밑위길이와 바지 스타일 밑위길이

바지 패턴 제도 시 스타일 밑위길이는 제품의 엉덩이 치수의 여유 량과 발란스가 잘 맞아야 착장 시 멋과 맵시를 잘 살릴 수 있다. 엉덩이 치수가 커질수록(여유 량이 많아질수록) 밑위길이도 비례하게 길어져야 착장 시 안정된 형태를 구할 수 있다.

저자는 인체 엉덩이 둘레치수를 기반으로 인체 밑위길이를 산출하고, 인체밑위길이를 기반으로 바지를 스타일별로 3/8" 길이 편차를 주어 패턴을 전개한다.

인체의 표준 밑위길이는(H/8 + 6")를 기준으로 한다(H=인체치수36"을 적용한다.).

인체 밑위길이	바지 종류	여유량 기준값
H/8 + 6″	큐롯형 셔링바지	1.1/2″
	와이드 통바지	1.1/8″
	정장 바지(기본)	3/4″
	타이트 바지	3/8″
	데님스키니	0″

3) 앞, 뒤중심의 기울기

밑윗길이와 밑폭이 동일한 조건에서 기울기가 크다는 것은 밑위 둘레길이가 길어진다는 것을 의미한다.

기울기는 체형, 바지의 용도, 실루엣, 이 세 가지 요인에 의해 변화된다.

(1) 체형에 따른 기울기 변화

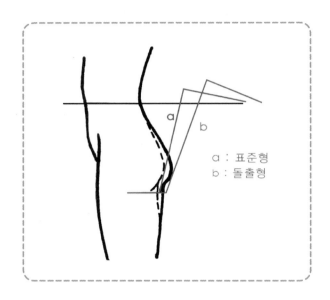

a : 표준형
b : 돌출형

동일한 실루엣의 바지패턴 제작 시 그림 b는 그림a보다 엉덩이 돌출된 정도가 크기 때문에 a보다 뒤 밑위둘레를 길게 하기 위해서 밑폭도 키우고, 기울기 각도를 크게 제도한다.

(2) 용도에 따른 기울기 변화

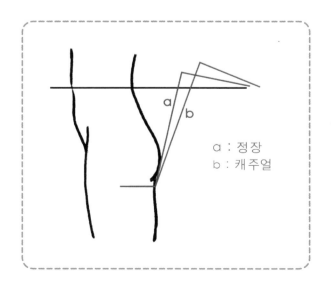

a : 정장
b : 캐주얼

그림 a는 기울기 각도를 적게 주어 여유 량이 적고, 활동성은 부족하나 착장 시 군주름이 없고 맵시가 좋아 정장바지제도에 적합하다. 그림 b는 기울기 각도를 많이 주어 여유 량이 많아 착장 시 힙 아래 군주름이 생기지만, 활동성이 좋아 캐주얼바지제도에 적합하다.

(3) 실루엣에 따른 기울기 변화

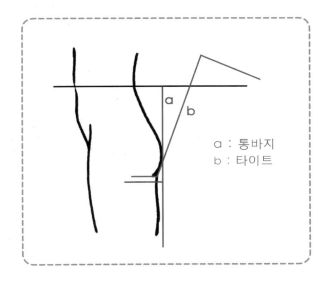

a : 통바지
b : 타이트

타이트 핏의 바지는 통바지보다 인체에 밀착되어야 한다. 그러기 위해서는 엉덩이 둘레치수가 적어져야 하고, 밑폭도 적어져야 한다. 이때 패턴제작 방향은 밑폭을 줄이는 것에 비래하게 기울기는 커져야 전체 밑위둘레길이를 유지하면서 타이트 핏의 안정된 형태를 만들 수 있다.

반대로 여유가 있는 통바지 핏은 타이트 핏 바지보다 인체에서 떨어져야 한다. 그러기 위해서는 엉덩이 둘레치수도 여유가 있어야 하고 밑폭도 커져야 한다. 이때 밑폭을 키우는 것에 비례하게 앞, 뒤 중심의 기울기는 적어져야 적정한 밑위둘레길이가 유지되어, 힙선 아래에서 남거나 흐르는 분량이 생기지 않고 통바지 핏 의 핵심인 스트레이트실루엣을 구할 수 있다.

바지 종류	기울기 기준값	
	앞	뒤
큐롯형 셔링바지	0	0
와이드통 바지	1/8"	1/4"
정장 바지(기본)	3/16"	1/2"
타이트 바지	1/4"	1"
데님스키니	5/16"	1.1/2"

4) 밑폭의 변화

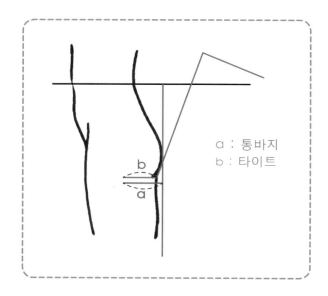

a : 통바지
b : 타이트

힙선 밑 부위에서 수직으로 떨어지는 통바지 실루엣을 만들기 위해서는 그림에서 a처럼 밑폭의 길이가 b에 비해 길어져야 하고, 힙선 밑으로 인체에 밀착되는 타이트 실루엣을 만들기 위해서는, 그림에서 b처럼 밑폭의 길이가 a에 비해 짧아져야한다.

밑폭은 힙 치수의 여유가 많으면 밑폭도 커지고, 힙 치수의 여유가 적으면 밑폭도 적어져야 균형 있는 형태 을 만들 수 있다.

밑폭 치수의 변화는 기본바지를 기준으로 스타일별 엉덩이 둘레치수 여유량 변화와 동일하게 적용하면 적정하다.

기본엉덩이둘레치수(36")에서 엉덩이 둘레 치수를 1" 키우면 밑폭의 치수도 기본밑폭치수(=5")에서 1" 키우고, 엉덩이 둘레치수를 1" 줄이면 밑폭의 치수도 기본밑폭치수(=5")에서 1" 줄이면 된다.

바지 종류	앞·뒤 전체 밑폭치수
큐롯형 셔링바지	7″
와이드 통바지	6″
정장 바지(기본)	5″
타이트 바지	4″
데님스키니	3″

- 큐롯형 바지는 샤링양에 따라서 최대 8인치를 넘지 않도록 설정한다.

  8인치를 넘어가면 밑폭 처짐이 발생하여 바지단이 바깥 쪽으로 뻗치게 된다.

| Front |

| Side |

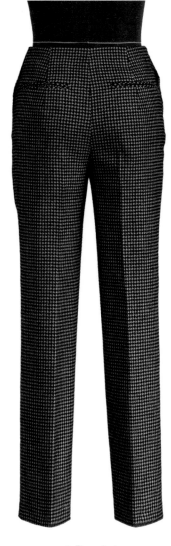

| Back |

2. 기본바지 제도

디자인 특징

허리둘레와 엉덩이둘레는 인체 치수로
여유를 넣지 않고, 허리밴드 없이 패턴을
제작한다. 다양한 스타일 변화의 기준이
되는 기본바지패턴이다.
허벅지 부위는 인체 치수보다 1.1/2" 정도
여유가 있으며 엉덩이 밑으로 인체곡선의
형태감이 있는 패턴이다.

● 적용 사이즈

(단위 : inch)

항목 \ 구분	인체	여유량	패턴 제도		완성 패턴
허리둘레	26	0	26		–
엉덩이둘레	36	0	36		–
밑위길이	10.1/2	+3/4	11.1/4		–
밑폭	기본 : 5	0	5	앞: 1.1/4	–
				뒤: 3.3/4	
기울기				앞: 3/16	–
				뒤: 1/2	
무릎폭			8		–
바지단폭			7		–
바지기장			42		–

1) 앞판 제도

(1) 기초선 제도

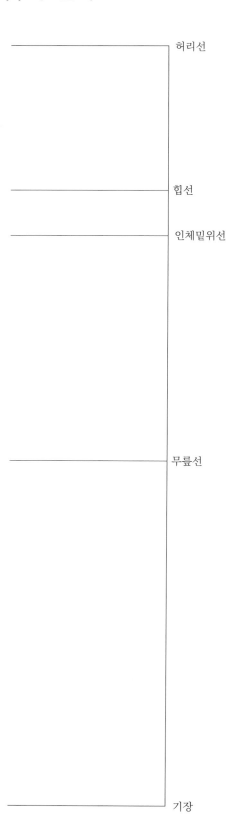

▶ 엉덩이 길이 : 8"

▶ 인체밑위 길이 : H/8 + 6" = 10.1/2"

▶ 무릎선 : 23"

▶ 바지길이 : 42"

(2) 스타일 밑위길이 설정, 힙 치수설정

H/4-1/2" = 8.1/2"

인체 밑위길이

↓ 3/4"

스타일 밑위선

▶ **스타일 밑위선 설정 :** 인체 밑위길이에서
3/4" 내려온 위치에 기본바지 밑위선을 설정한다.
(인체 밑위길이를 기반으로 바지 스타일 별로
밑위길이를 다르게 적용한다.)

▶ **힙 치수 설정 :** H/4-1/2"을 적용하여
앞판은 8.1/2"로 제도한다.

(3) 앞 중심 기울기 제도

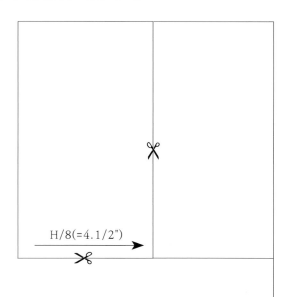

H/8(=4.1/2")

▶ **기울기선 설정**
힙선상 앞중심에서 H/8(=4.1/2") 떨어진
지점에서 수직선을 허리선까지 긋고,
그림처럼 자른다.

(4) 앞 중심 기울기 전개

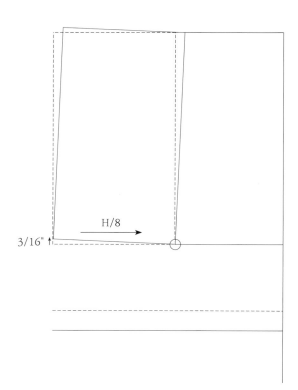

H/8

3/16"↑

▶ 앞 중심에서 기본바지 스타일 기울기양
　3/16"를 벌려준다

(5) 밑폭 설정

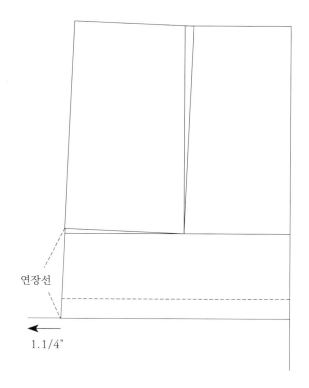

연장선

1.1/4"

▶ 변화된 앞 중심선을 밑위선 까지 연장한다.

▶ **앞 밑폭 설정 :** 1.1/4" 제도

　● **기본바지 밑폭 설정 방법**

H/8+1/2"=5"를 기본바지 밑폭으로 설정한다.
5"를 1:3비율로 앞. 뒤 분할한다.
앞 : 1.1/4"　뒤 : 3.3/4"가 된다.

(6) 주름선 설정, 밑단폭 설정, 무릎폭 설정

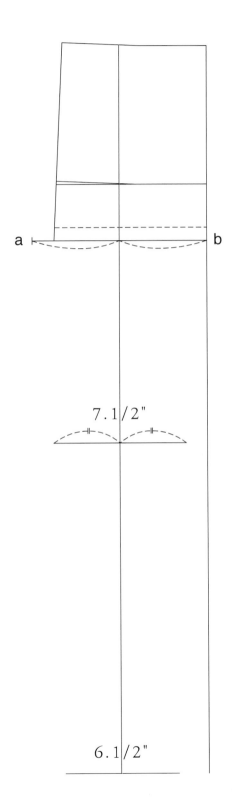

a

b

7.1/2"

6.1/2"

▶ **주름선 설정 :** a와 b이등분점을 기준으로
허리선에서 밑단까지 수직선을 그린다.

▶ **밑단폭 설정 :** 최종 완성치수 7"에서
앞판은 1/2" 적게 6.1/2"를 주름선을 기준으로
이등분하여 설정한다.

▶ **무릎폭 설정 :** 최종 완성치수 8"에서
앞판은 1/2" 적게 7.1/2"를 주름선을 기준으로
이등분하여 설정한다.

(7) 앞 다트양 산출 및 분할

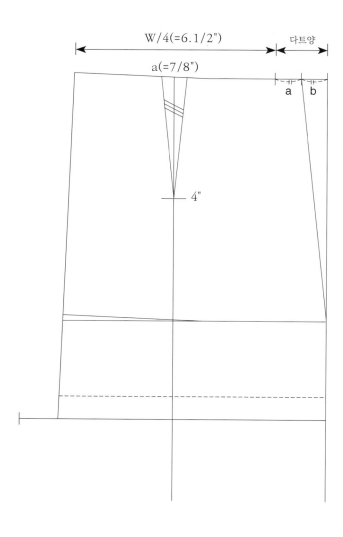

▶ 앞 다트양은 앞 허리선에서 완성 길이인
 W/4(=6.1/2")을 뺀 나머지길이다.

▶ 다트양의 절반은 옆선 다트양(b=7/8")으로
 제도하고, 나머지 절반은 앞 다트양(a=7/8")
 으로 제도한다.

(8) 안솔기, 옆솔기 안내선 제도

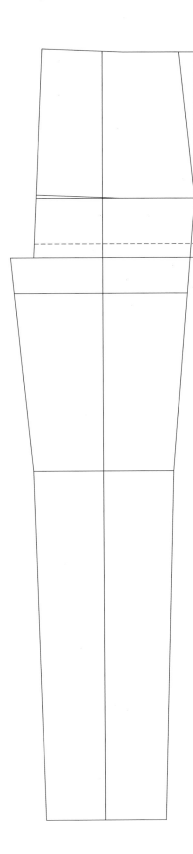

▶ **안솔기 :** 앞 밑폭, 무릎, 부리 지점을 직선으로 안내선을 연결한다.

▶ **옆솔기 :** 힙선, 무릎, 부리 지점을 직선으로 안내선을 연결한다.

(9) 안솔기, 옆솔기 곡선제도

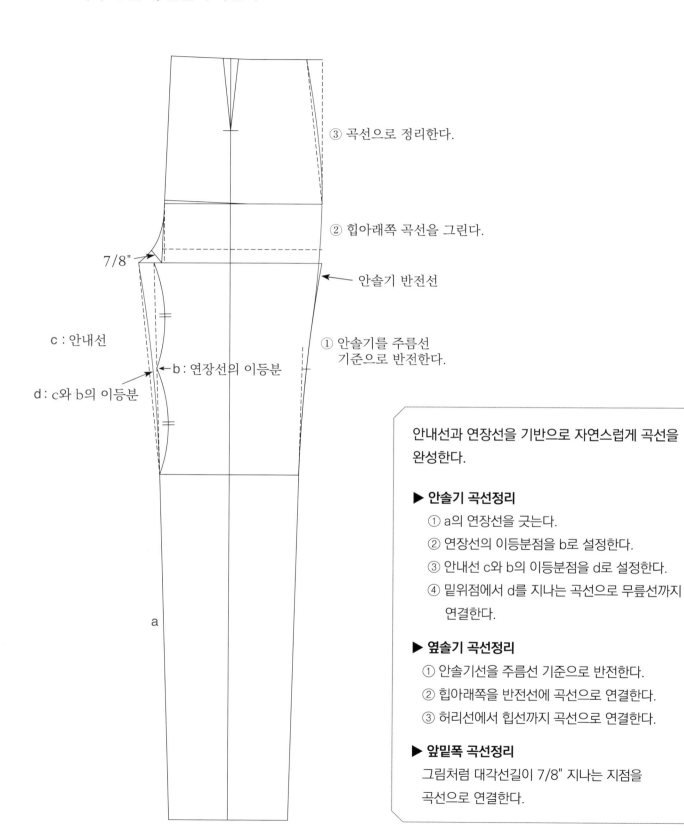

③ 곡선으로 정리한다.

② 힙아래쪽 곡선을 그린다.

안솔기 반전선

7/8"

c : 안내선

① 안솔기를 주름선
기준으로 반전한다.

b : 연장선의 이등분

d : c와 b의 이등분

a

안내선과 연장선을 기반으로 자연스럽게 곡선을
완성한다.

▶ 안솔기 곡선정리
① a의 연장선을 긋는다.
② 연장선의 이등분점을 b로 설정한다.
③ 안내선 c와 b의 이등분점을 d로 설정한다.
④ 밑위점에서 d를 지나는 곡선으로 무릎선까지
연결한다.

▶ 옆솔기 곡선정리
① 안솔기선을 주름선 기준으로 반전한다.
② 힙아래쪽을 반전선에 곡선으로 연결한다.
③ 허리선에서 힙선까지 곡선으로 연결한다.

▶ 앞밑폭 곡선정리
그림처럼 대각선길이 7/8" 지나는 지점을
곡선으로 연결한다.

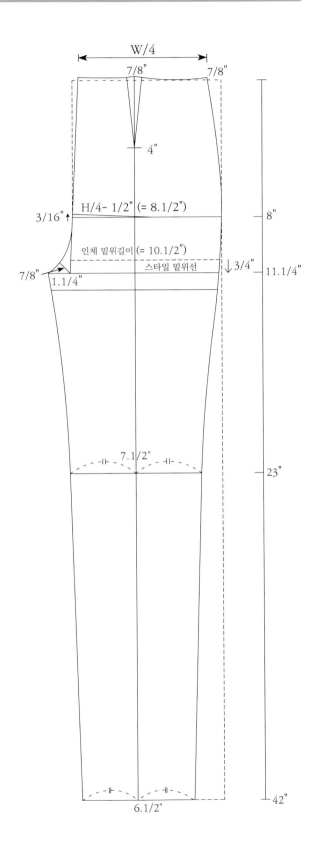

W/4

7/8"   7/8"

4"

H/4- 1/2" (= 8.1/2")

3/16"

8"

인체 밑위길이 (= 10.1/2")

스타일 밑위선   ↓ 3/4"   11.1/4"

7/8"
1.1/4"

7.1/2"

23"

6.1/2"

42"

1) 뒤판 제도

제도된 앞판을 활용하여 뒤판을 제도한다.

(1) 뒤 밑위길이 설정 및 힙치수 설정

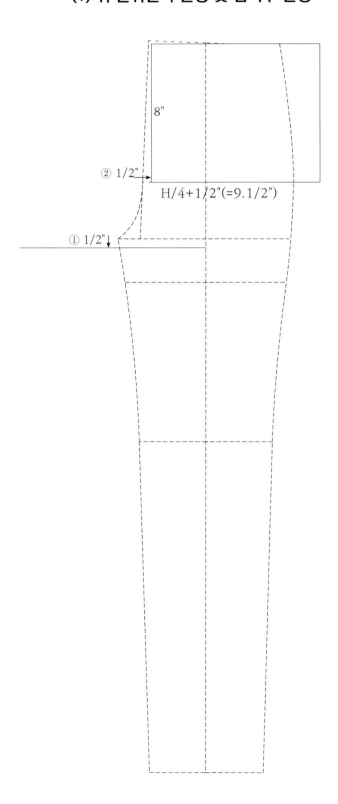

▶ **뒤 밑위 설정 :** 앞판 밑위길이에서 1/2"를 내려서 뒤 밑위선을 그린다.

▶ **뒤 힙치수 설정 :** 앞중심선에서 1/2" 떨어진 지점에서 뒤판 중심선을 수직선으로 허리선 까지 올리고 H/4+1/2"를 적용하여 9.1/2"로 사각박스를 그린다.

(2) 뒤 중심 기울기제도

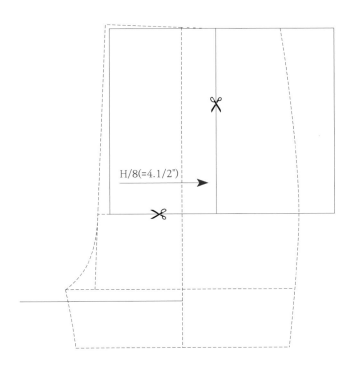

H/8(=4.1/2")

▶ **기울기선 설정 :** 힙선상 앞 중심에서
H/8(=41/2") 떨어진 지점에서 수직선을
허리선까지 긋고 그림처럼 자른다.

(3) 뒤 중심 기울기 전개

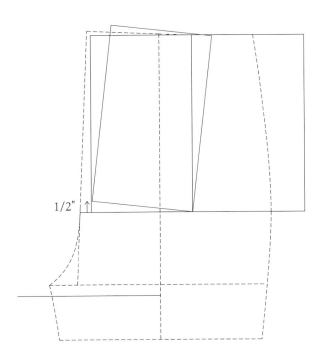

1/2"

▶ 뒤 중심에서 기본바지 기울기양 1/2"를
벌려준다.

(4) 밑폭 설정

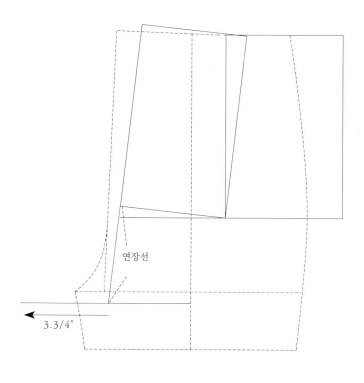

연장선

3.3/4"

▶ 변화된 뒤 중심선을 밑위선까지 연장한다.
▶ **뒤밑폭 설정 :** 3.3/4"인치 제도

● **기본바지 밑폭 설정 방법**

H/8+1/2"=5"를 기본바지 밑폭으로 설정한다.
5"를 1:3비율로 앞·뒤 분할한다.
앞 : 1.1/4" 뒤 : 3.3/4"가 된다.

(5) 뒤다트 제도

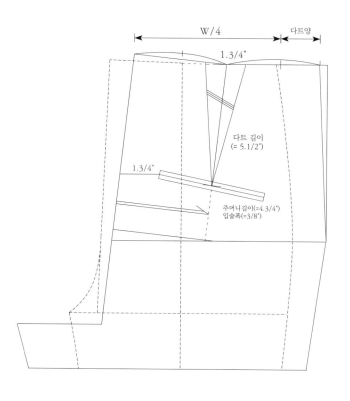

W/4
다트양
1.3/4"
다트 길이
(= 5.1/2")
1.3/4"
주머니길이(=4.3/4")
입술폭(=3/8")

▶ 뒤허리선에서 완성길이인
W/4(=6.1/2")+뒤다트양(=1.3/4")로 한다.

▶ 뒤판의 다트가 1개인 경우, 최대 다트양 크기가
1.3/4"가 넘지 않도록 제도한다.
뒤판의 옆선의 곡이 최대한 자연스러운 선이
되도록 다트양은 조절하며 다트양이 1.3/4"가
넘는 경우는 2개의 다트로 처리하는 것이
바람직하다.

(6) 뒤 밑단폭 설정, 무릎폭 설정 및 안솔기, 옆솔기 안내선 제도

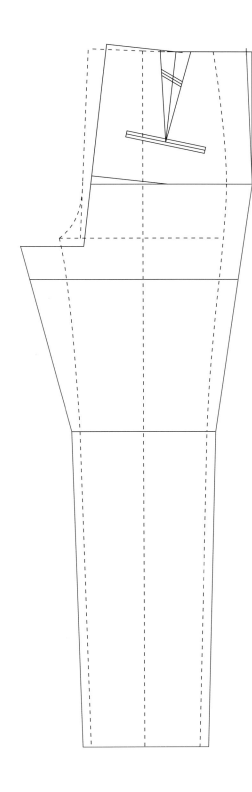

▶ **뒤 밑단폭 설정 :** 최종 완성치수 7"에서 뒤판은
  1/2" 크게 7.1/2"를 주름선을 기준으로
  이등분하여 설정한다.

▶ **뒤 무릎폭 설정 :** 최종 완성치수 8"에서 뒤판은
  1/2" 크게 8.1/2"를 주름선을 기준으로
  이등분하여 설정한다.

▶ **뒤 안솔기 안내선 제도 :** 뒤 밑폭, 무릎, 부리 지점을
  직선으로 연결한다.

▶ **뒤 옆솔기 안내선 제도 :** 뒤 힙선, 무릎, 부리 지점을
  직선으로 연결한다.

(7) 곡선 정리

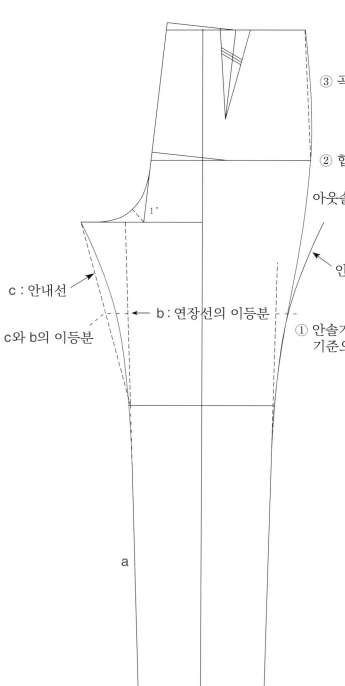

③ 곡선으로 정리한다.

② 힙곡선을 그린다.

아웃솔기 곡선정리

안솔기 반전선

c : 안내선

b : 연장선의 이등분

c와 b의 이등분

① 안솔기를 주름선
   기준으로 반전한다.

1"

a

▶ **안솔기 곡선 정리**
① a의연장선을 긋는다.
② 연장선의 이등분점을 b로 설정한다.
③ 안내선 c와 b의 이등분점을 d로 설정한다.
④ 밑위점에서 d를 지나는 곡선으로 무릎선까지
   연결한다.

▶ **옆솔기 곡선 정리**
① 안솔기를 주름선 기준으로 반전한다.
② 힙아래쪽을 반전선에 곡선으로 연결한다.
③ 허리선에서 힙선까지 곡선으로 연결한다.

▶ **뒤밑폭 곡선 정리**
그림처럼 대각선길이 1" 지나는 지점을 곡선으로
연결한다.

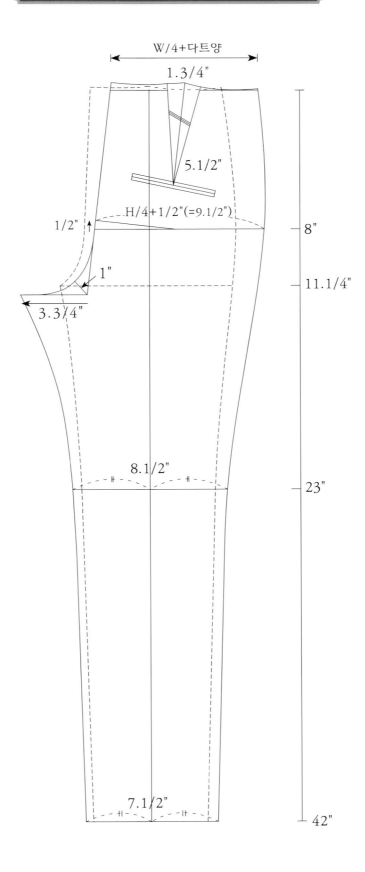

W/4+다트양

1.3/4"

5.1/2"

H/4+1/2"(=9.1/2")

8"

1/2"

1"

11.1/4"

3.3/4"

8.1/2"

23"

7.1/2"

42"

TiP 15   허리선 정리

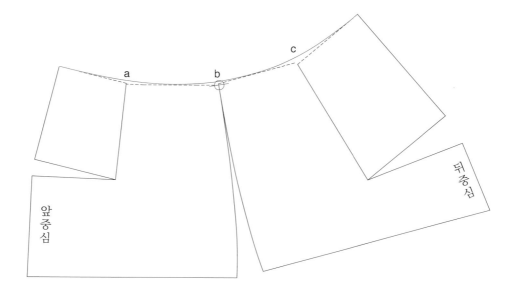

1) 앞판 옆선의 길이를 기준으로 뒤판 옆선의 길이를 맞춘다.

2) 다트 끝점을 연결하여 앞뒤 중심선 쪽으로 절개선을 넣는다.

3) 절개선을 자른 후 다트의 시접이 앞뒤 중심선 쪽으로 향하도록 접는다.

　※ 다트양의 크기와 길이에 따라서 a, b, c에서 채워지는 분량이 다르게 형성된다.

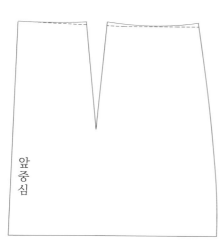

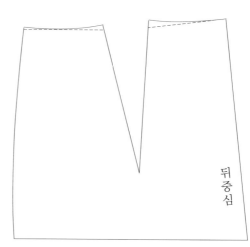

| Front |

| Side |

| Back |

제 허리선 일자밴드 바지

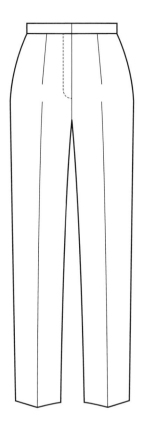
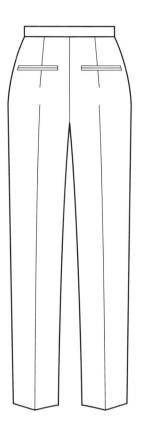

디자인 특징

기본바지 패턴에서 허리선에 1″폭의
일자밴드를 연결하여 밴드가 인체의
제 허리선보다 위쪽에 착장되는 구조
이다.
허리밴드는 내·외경차이를 고려하여
인체치수 보다 1/2″ 크게 제도한다.

● 적용 사이즈

(단위 : inch)

항목 \ 구분	인체	여유량	패턴 제도		완성 패턴
허리둘레	26	0	26		26.1/2
엉덩이둘레	36	0	36		–
밑위길이	10.1/2	+3/4	11.1/4		–
밑폭	기본 : 5	0	5	앞: 1.1/4	–
				뒤: 3.3/4	
기울기			앞: 3/16		–
			뒤: 1/2		
무릎폭			8		–
바지단폭			7		–
바지기장			42		43(밴드포함)

1) 제 허리선 일자밴드 제도

내·외경차이를 고려하여 W(=26 1/2")를 적용한다.

w/4=6.5/8" 로 제도한다.

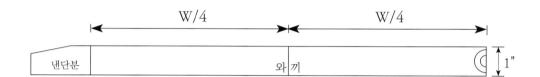

2) 제 허리선 일자밴드 바지 제도

기본 바지 패턴에서 시작한다.

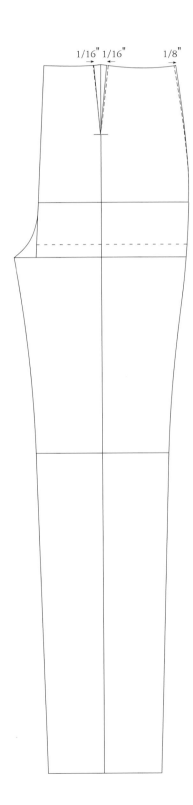

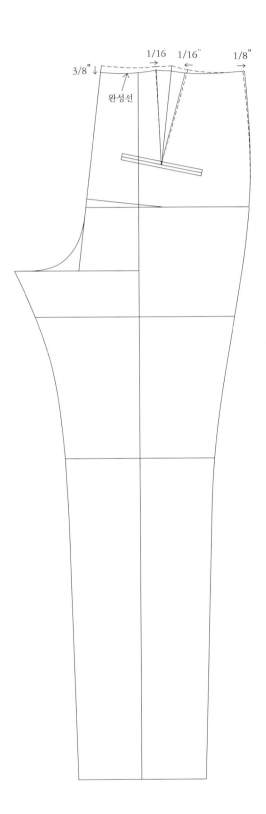

▶ 허리밴드 내·외경차이와 이세량을 계산하여 몸판을 수정한다.

전체 내·외경차이(1/2")+전체 이세량(1/2") = 1"

▶ 다트량을 줄여서 몸판 허리선을 1" 키운다.

▶ 뒤 중심선에서 3/8"를 내린다.

▶ 뒤 중심선 3/8" 내린 지점으로 자연스러운 곡선이 되도록 허리선을 정리해 준다.

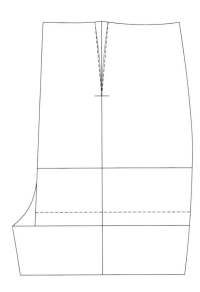
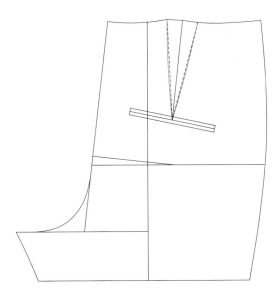

▶ 앞 다트의 형태는 아랫배의 발달 정도에 따라서 그림처럼 볼록하게 제도한다.

▶ 뒤 다트의 형태는 앞 다트 형태와 반대 곡선으로 그림처럼 오목하게 제도한다.

| Front | | Side | | Back |

로우 웨이스트 밴드 바지(정장바지)

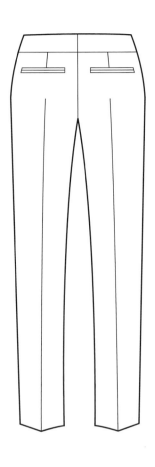

디자인 특징

기본바지 패턴에서 밴드의 위치를 설정하여 로우 웨이스트 밴드 패턴을 제작한다. 로우 웨이스트 허리밴드는 인체의 제 허리선에서 약간 내려와 골반에 형성되고, 뒤 중심보다 앞 중심쪽이 더 내려와서 허리선이 경사진 형태로 밴드가 착장된다. 이 때 착장 위치 및 앞, 뒤 경사는 디자인적 요인으로 브랜드 고객의 취향 및 트렌드 등을 반영하여 디자인을 하면 된다.

밴드완성 치수와 바지기장 치수만 달라지고 나머지 치수와 실루엣은 기본바지패턴과 동일하다.

※ 슬림핏으로 정장바지패턴으로 적합하다.

● 적용 사이즈

(단위 : inch)

항목 \ 구분	인체	여유량	패턴 제도		완성 패턴
허리둘레	26	0	26		윗둘레 : 30.3/8
					밑둘레 : 32.5/8
엉덩이둘레	36		36		–
밑위길이	10.1/2	+3/4	11.1/4		–
밑폭	기본 : 5		5	앞 : 1.1/4	–
				뒤 : 3.3/4	
기울기			앞 : 3/16		–
			뒤 : 1/2		
무릎폭			8		–
바지단폭			7		–
바지기장			42		40.1/4

1) 로우 웨이스트 밴드 바지 제도

기본 바지 패턴에서 시작한다.

2) 로우 웨이스트 밴드 제도

(1) 뒤 다트 M.P

뒤 다트 끝점을 뒤 중심선 쪽으로 절개선을 넣는다.

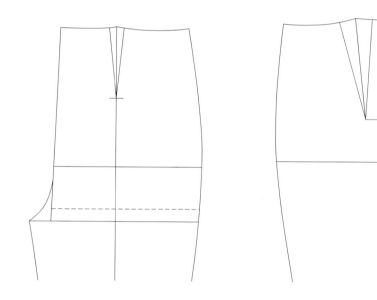

(2) 허리 밴드 위치 및 밴드 폭 설정

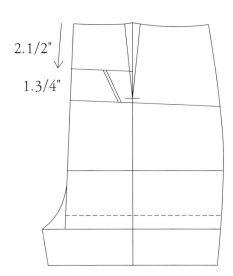
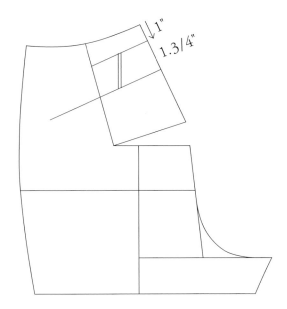

▶ 뒤판의 절개선을 자른 후 다트의 시접이 뒤 중심선 쪽으로 향하도록 접는다.

▶ 허리선에서 뒤 중심은 1" 내려온 지점을 표시한다.

  앞 중심은 2.1/2" 내려온 지점을 표시한다.

▶ 허리밴드의 폭은 1.3/4".

▶ 그림처럼 밴드의 아랫선을 앞뒤중심선에 직각으로 옆선까지 안내선을 그려준다.

(3) 허리 밴드 제도

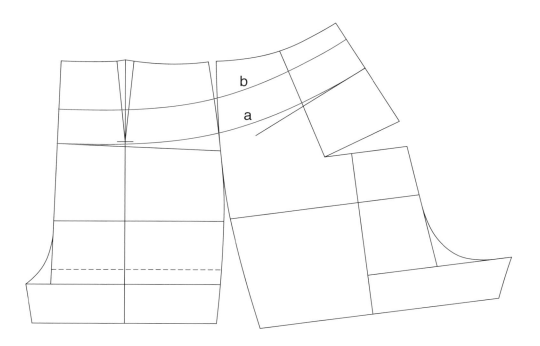

▶ 그림처럼 뒤쪽만 다트를 접고 앞쪽은 다트를 접지 않고 옆선을 붙인다.

▶ 옆선은 앞 밴드 아랫선을 기점으로 그림처럼 허리선은 살짝 떨어지고 몸판은 붙게 한다.

   (이유 : 밴드의 윗 둘레의 여유도 주고, 곡선을 최대한 직선의 형태로 만들기 위함이다.)

▶ 밴드 안내선을 기반으로 밴드의 밑둘레(a)를 자연스러운 곡선으로 먼저 제도하고

   밴드 윗둘레(b)는 1.3/4"폭으로 제도한다.

로우 웨이스트 밴드 제작

A. 허리선의 다트량 a, b를 전체 여유분으로 처리한 형태

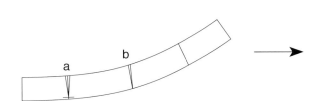
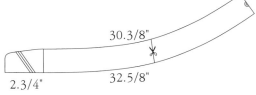

B. 허리선의 다트량 a, b를 절반만 m.p 처리한 형태

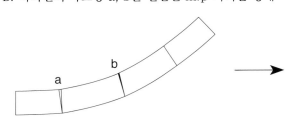
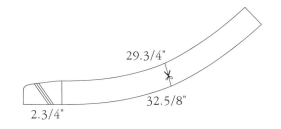

C. 허리선의 다트량 a, b를 전체 m.p 처리한 형태

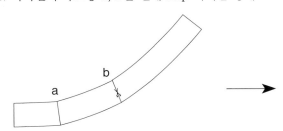
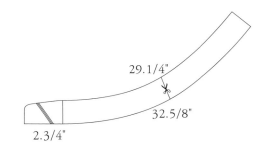

▶ 바지나 스커트는 밴드의 밑둘레 치수가 착장위치를 결정한다.

▶ 윗둘레의 치수는 인체치수 보다 적어지지만 않는다면 착장위치에 영향을 미치지 않는다.
  (이유 : 밴드의 윗둘레에 여유분을 주어 밴드의 형태를 그림에 제시된 A. B. C처럼 다양하게
  제작할 수 있다 그렇다고 착장 위치가 달라지는 것은 아니다.)

로우 웨이스트 밴드 기본바지 완성

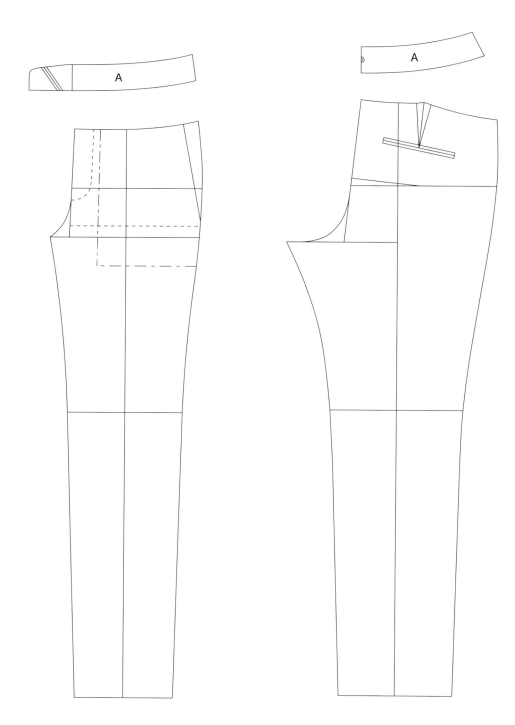

| Front |

| Side |

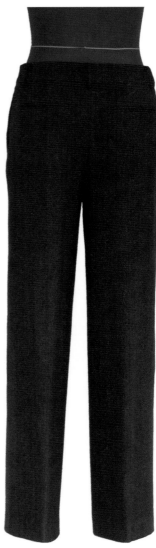

| Back |

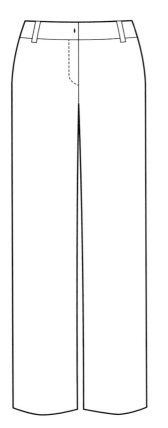
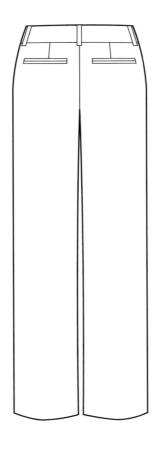

● 적용 사이즈

(단위 : inch)

항목 \ 구분	인체	여유량	패턴 제도		완성 패턴
허리둘레	26	0	26		윗둘레 : 29.3/4
					밑둘레 : 32.1/4
엉덩이둘레	36	+1	37		–
밑위길이	10.1/2	+1.1/8	11.5/8		–
밑폭	기본 : 5	+1	6	앞 : 2	–
				뒤 : 4	
기울기				앞 : 1/8	–
				뒤 : 1/4	
무릎폭					–
바지단폭			11		–
바지기장			42		41

1) 앞판 제도

(1) 기초선 제도

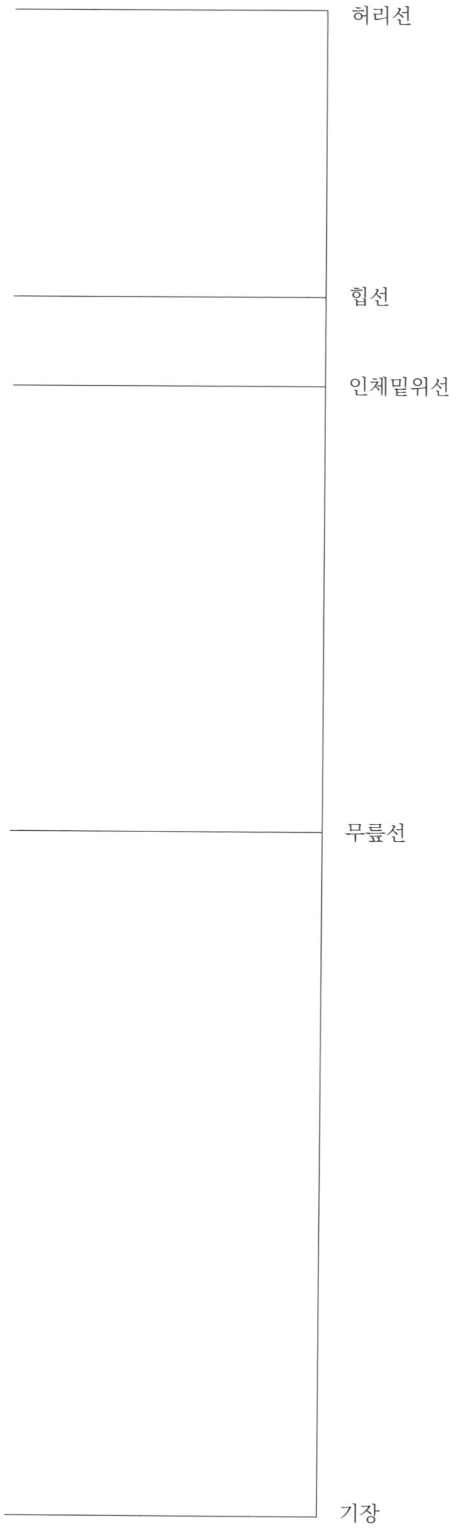

허리선

힙선

인체밑위선

무릎선

기장

▶ 엉덩이 길이 : 8"

▶ 인체 밑위길이 : H/8 + 6" = 10.1/2"

▶ 무릎선 : 23"

▶ 바지길이 : 42"

(2) 스타일 밑위길이 설정, 힙치수 설정

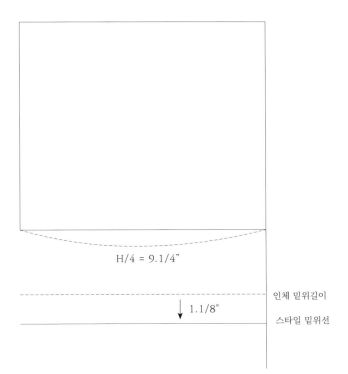

H/4 = 9.1/4"

인체 밑위길이

↓ 1.1/8"

스타일 밑위선

▶ **스타일 밑위선 설정** : 인체 밑위길이에서
1.1/8" 내려온 위치에 와이드 통바지
스타일 밑위선을 설정한다.
(인체 밑위길이를 기반으로 바지 스타일
별로 밑위길이를 다르게 적용한다.)

▶ **힙 치수 설정** : H/4을 적용하여 앞판은
9.1/4"로 제도한다.
통바지는 앞 밑폭의 길이가 길어지기 때문에 옆선의
위치가 바깥쪽으로 확장되어야 주름선을 기준으로
발런스를 유지하기 위해서 H/4분할을 한다.
이렇게 옆선의 위치가 뒤쪽으로 갈수록 착장 시
옆선이 정면에서 보이지 않게 되어 보다 슬림하게
느껴진다.

(3) 앞중심 기울기 제도

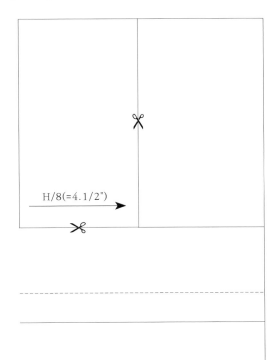

H/8(=4.1/2")

▶**기울기선 설정**
힙선상 앞 중심에서 H/8(=4.1/2") 떨어진
지점에서 수직선을 허리선까지 긋고,
그림처럼 자른다.

(4) 앞중심 기울기 전개

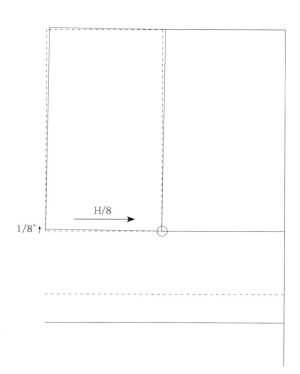

▶ 앞 중심에서 와이드 통바지 스타일 기울기양 1/8"를 벌려준다.

(5) 밑폭 설정

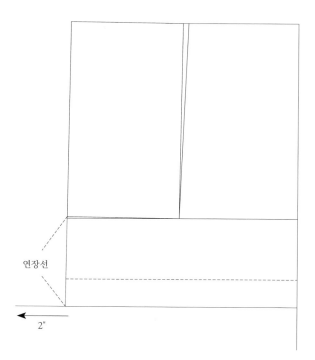

▶ 변화된 앞 중심선을 밑위선 까지 연장한다.

▶ **앞 밑폭 설정 :** 2" 제도

●와이드 통바지 밑폭 설정 방법

기본바지밑폭 : H/8 + 1/2"=5"이다.

** 기본바지를 기준으로 힙치수의 변화만큼
밑폭의 치수도 동일하게 적용한다.
기본바지보다 힙치수를 1" 키워서 제작하므로,
밑폭도 기본바지밑폭 5"보다 1" 키워서 6"로
밑폭을 정한다.
6"를 1 : 2 비율로 앞·뒤 분할한다.
앞 : 2" 뒤 : 4"가 된다.

(6) 주름선 설정, 밑단폭 설정

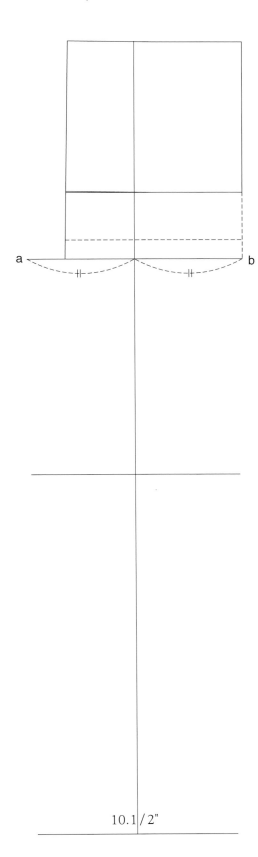

▶ **주름선 설정 :** a와 b이등분점을 기준으로
   허리선에서 밑단까지 수직선을 그린다.

▶ **밑단폭 설정 :** 최종 완성치수 11"에서
   앞판은 1/2" 적게 10.1/2"를 주름선을
   기준으로 이등분하여 설정한다.

10.1/2"

(7) 앞 다트양 산출 및 분할

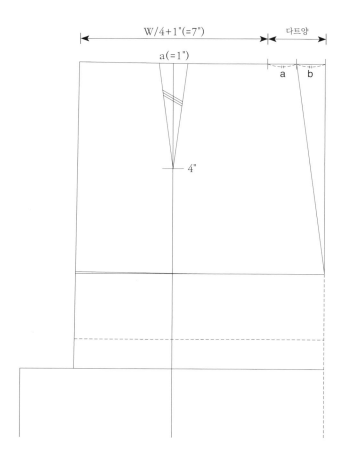

▶ 앞 다트양은 앞 허리선에서 완성 길이인
W/4(=6.1/2")+1/2"을 뺀 나머지길이다.

※ 옆선의 위치를 기본바지보다 뒤쪽으로 1/2"
이동된 위치에서 제도하므로 힙치수 변화와 동일하게
허리치수도 1/2" 키운 치수로 제도한다.

▶ 다트양의 절반은 옆선 다트양(b=1")으로
제도하고, 나머지 절반은 앞 다트양(a=1")으로
제도한다.

(8) 옆솔기, 안솔기 제도

옆솔기를 먼저 제도하고 안솔기를 제도한다.

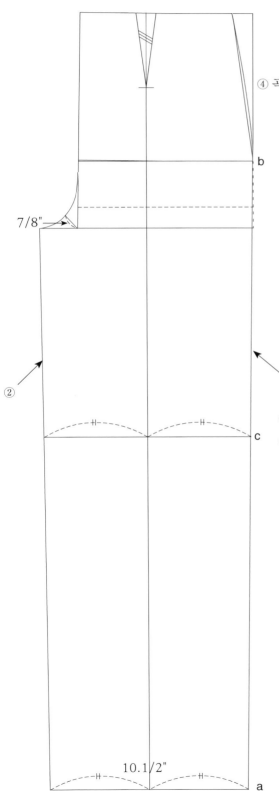

④ 곡선으로 정리한다.

7/8"

b

① 부리나간 점(a)와 힙선(b)을
  직선으로 연결한다.

② c점을 주름선을 기준으로 반전한다.

③ 안솔기 밑위, 무릎부리점을
  직선으로 연결한다.

②

c

10.1/2"

a

▶ **옆솔기** : 힙선(b)에서, 부리(a)지점을 직선으로
  연결한다.

▶ 무릎의 치수를 동일하게 설정한다.

▶ **안솔기** : 밑단에서 무릎선까지는 직선으로 그리고,
  무릎선에서 밑폭까지는 곡선으로 제도한다.
  직선에 가까운 작은 곡선으로 제도된다.

▶ **옆솔기 곡선 정리**
  허리선에서 힙선까지 곡선으로 연결한다.

▶ **앞밑폭 곡선 정리**
  그림처럼 대각선길이 7/8" 지나는 지점을 곡선으로
  연결한다.

앞판 완성

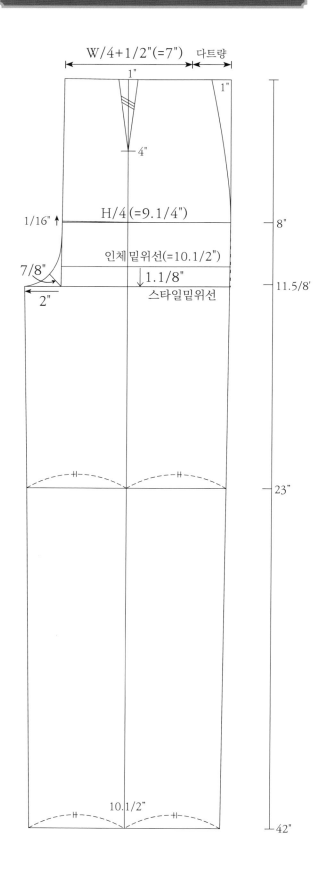

W/4+1/2"(=7") 다트량

1"

1"

4"

1/16" ↑

H/4(=9.1/4")

8"

인체밑위선(=10.1/2")

7/8"

↓1.1/8"

11.5/8'

스타일밑위선

2"

23"

10.1/2"

42"

2) 뒤판 제도

제도된 앞판을 활용하여 뒤판을 제도한다.

(1) 뒤 밑위길이 설정 및 힙치수 설정

8"

② 1/2" →

H/4"(=9.1/4")

① 1/4" ↓

▶ **뒤 밑위 설정 :** 앞판 밑위길이에서 1/4"를
내려서 뒤 밑위선을 그린다.

▶ **뒤 힙치수 설정 :** 앞중심선에서 1/2" 떨어진
지점에서 뒤판 중심선을 수직선으로
허리선 까지 올리고 H/4를 적용하여
9.1/4"로 사각박스를 그린다.

(2) 뒤중심 기울기 제도

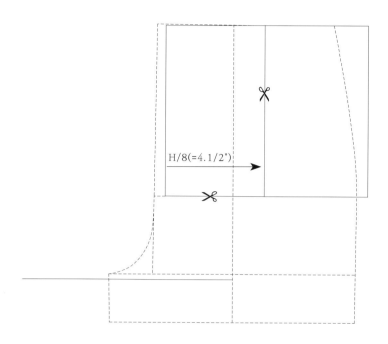

▶ **기울기선 설정 :** 힙선상 앞 중심에서
H/8(=41/2") 떨어진 지점에서 수직선을
허리선까지 긋고 그림처럼 자른다.

(3) 뒤중심 기울기 전개

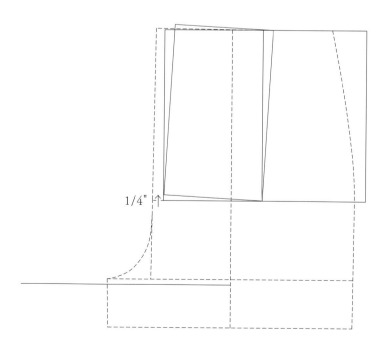

▶ 뒤 중심에서 와이드 통바지 기울기양 1/4"를
벌려준다.

(4) 밑폭 설정

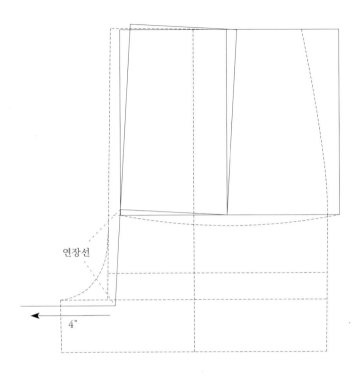

연장선

4"

▶ 뒤중심선을 밑위선까지 연장한다.
▶ 뒤밑폭 설정 : 4"

(5) 뒤다트 제도

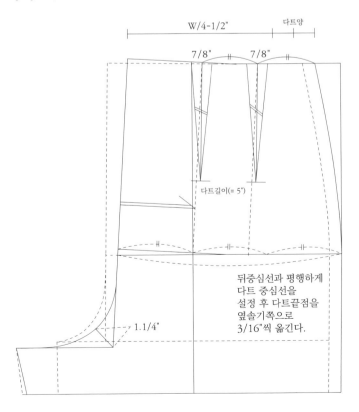

W/4-1/2"   다트양

7/8"   7/8"

다트길이(= 5")

뒤중심선과 평행하게
다트 중심선을
설정 후 다트끝점을
옆솔기쪽으로
3/16"씩 옮긴다.

1.1/4"

▶ 뒤허리선에서 완성길이인
   W/4(=6.1/2")-1/2"+ 뒤다트양
   1.3/4"로 한다.

   ※ 앞판의 옆선과 동일한 곡선이 되도록
      제도하기 위함이다.

(6) 뒤 안솔기 옆솔기 안내선 제도

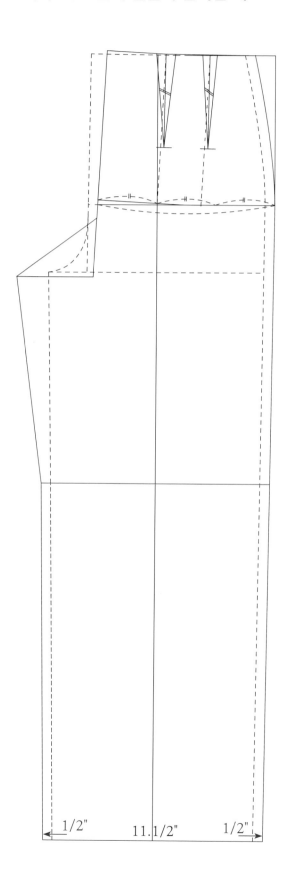

▶ **뒤 밑단폭 설정 :** 최종 완성치수 11"에서
뒤판은 1/2" 크게 주름선을 기준으로 11.1/2"를
이등분하여 설정한다.

▶ **뒤 무릎폭 설정 :** 앞판에서 양쪽으로 1/2"씩
키워주면 된다.

▶ **뒤 안솔기 제도 :** 밑단에서 무릎선까지는 직선으로
그리고 무릎선에서 밑폭까지는 곡선으로 제도한다.

▶ **뒤옆솔기 제도 :** 뒤힙선, 무릎, 부리 지점을
직선으로 연결한다.

▶ **뒤옆솔기 곡선 정리**
허리선에서 힙선까지 곡선으로 연결한다
※ 앞판의 옆선과 동일한 선으로 뒤판도 제도한다.

▶ **뒤밑폭 곡선 정리**
그림처럼 대각선길이 1.1/4" 지나는 지점을
곡선으로 연결한다.

1/2"   11.1/2"   1/2"

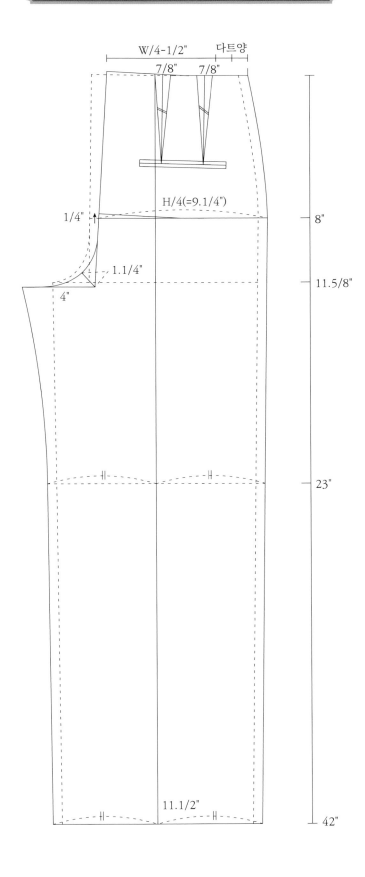

W/4-1/2"　　다트양
7/8"　　7/8"

H/4(=9.1/4")

1/4"

1.1/4"

4"

8"

11.5/8"

23"

11.1/2"

42"

3) 로우 웨이스트 밴드 패턴제도

로우 웨이스트 허리밴드는 인체의 제 허리선에서 약간 내려와 골반에 형성되고, 뒤 중심보다 앞 중심쪽이 더 내려와서 허리선이 경사진 형태로 밴드가 착장된다. 이 때 착장 위치 및 앞, 뒤 경사는 디자인적 요인으로 브랜드 고객의 연령대 및 트랜드 등을 반영하여 디자인을 하면 된다.

(1) 뒤 다트 끝점을 뒤중심선 쪽으로 절개선을 넣는다.

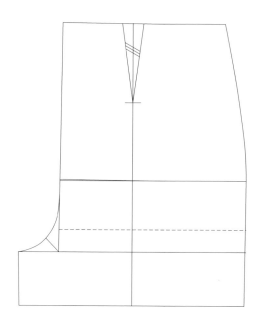 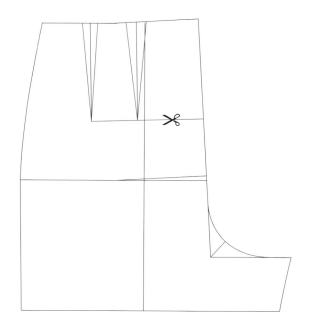

(2) 허리밴드 위치 및 밴드폭 설정

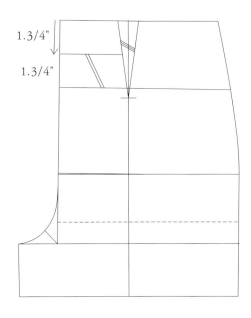
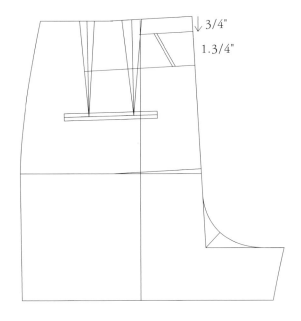

▶ 뒤판의 절개선을 자른 후 다트의 시접이 뒤 중심선 쪽으로 향하도록 접는다.

▶ 허리선에서 뒤 중심은 3/4" 내려온 지점을 표시,

▶ 앞 중심은 1.3/4" 내려온 지점을 표시.

▶ 허리밴드의 폭은 1.3/4" 표시.

▶ 그림처럼 밴드의 아랫선을 앞, 뒤 중심선에 직각으로 옆선까지 안내선을 그려준다.

(3) 로우 웨이스트 밴드 제도

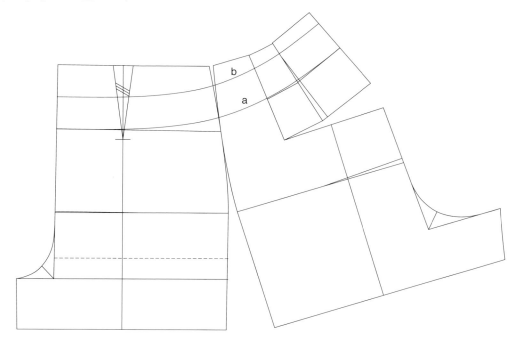

▶ 그림처럼 뒤쪽만 다트를 접고 앞쪽은 다트를 접지 않고 옆선을 붙인다.

▶ 옆선은 앞밴드 아랫선을 기점으로 그림처럼 허리선은 살짝 떨어지고 몸판은 붙게 한다.
(밴드의 윗둘레의 여유도 주고, 곡선을 최대한 직선의 형태로 만들기 위함이다.)

▶ 밴드 안내선을 기반으로 밴드의 밑둘레(a)를 자연스러운 곡선으로 먼저 제도하고
밴드 윗둘레(b)는 1.3/4"폭으로 제도한다.

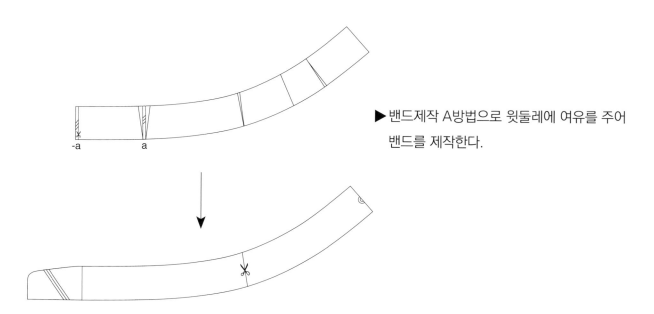

▶ 밴드제작 A방법으로 윗둘레에 여유를 주어
밴드를 제작한다.

최종 완성된 패턴

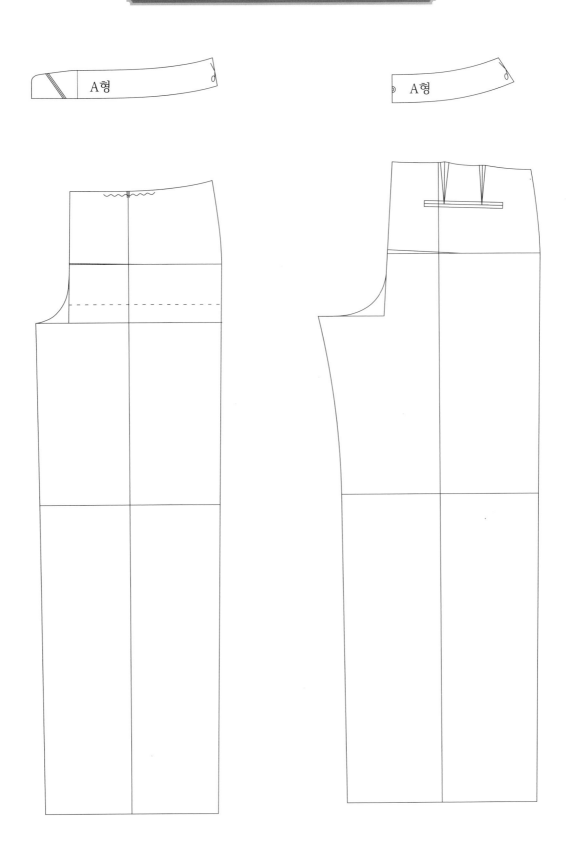

A형

A형

4 큐롯형 셔링 바지

| Front |

| Side |

| Back |

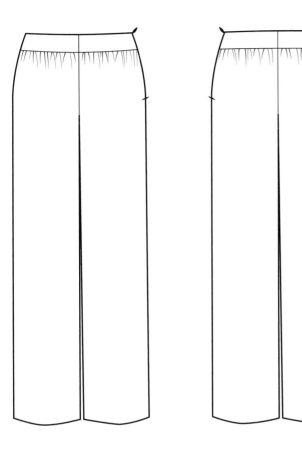

디자인 특징

큐롯과 바지의 중간 형태로 착장시 밑위선에서 안쪽으로 끌려들어가는 현상이 없이 앞은 중힙에서부터 수직으로 떨어지고 뒤는 엉덩이선에서부터 수직으로 떨어져 착장 시 세미 A라인 스커트처럼 보인다.

● 적용 사이즈

(단위 : inch)

항목 구분	인체	여유량	패턴 제도		완성 패턴
허리둘레	26	0	26		윗둘레 : 28.3/4
					밑둘레 : 31.1/8
엉덩이둘레	36	+2	36		38
밑위길이	10.1/2	+1.1/2	12		-
밑폭	기본 : 5	+2	7	앞 : 2.1/4	-
				뒤 : 4.3/4	
기울기				앞 : 0	-
				뒤 : 0	
무릎폭					-
바지단폭					-
바지기장			42		41.3/8

1) 앞판 제도

엉덩이 둘레 치수는 인체 치수(36")로 패턴제도 한 다음 전체 2" 셔링 분량 넣어 최종 엉덩이둘레 치수가 38"가 되게 한다.

(1) 기초선 제도

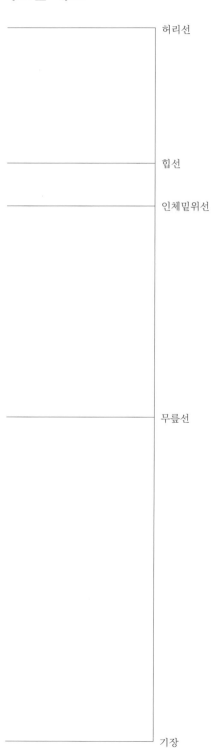

허리선

힙선

인체밑위선

무릎선

기장

▶ 엉덩이 길이 : 8"

▶ 인체밑위 길이 : H/8 + 6" = 10.1/2"

▶ 무릎선 : 23"

▶ 바지길이 : 42"

(2) 스타일 밑위길이 및 힙치수 설정

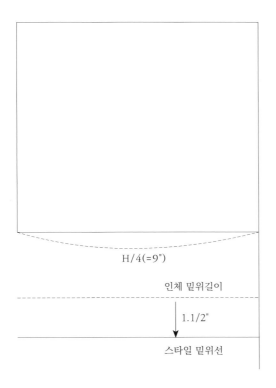

H/4(=9")

인체 밑위길이

1.1/2"

스타일 밑위선

▶ **스타일 밑위선 설정 :** 인체 밑위길이에서
1.1/2" 내려온 위치에 큐롯형 셔링 바지
밑위선을 설정한다.
(인체 밑위길이를 기반으로 바지 스타일
별로 밑위길이를 다르게 적용한다.)

▶ **힙 치수 설정 :** H/4"을 적용하여 앞판은
9"로 제도한다.

(3) 밑폭 설정

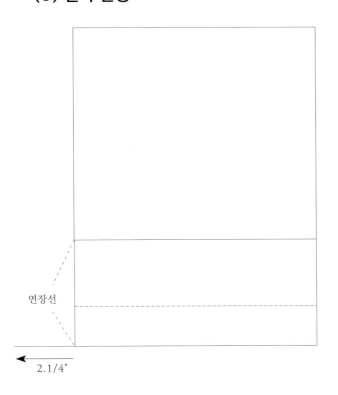

연장선

2.1/4"

▶ 앞 중심선을 밑위선까지 연장한다.

▶ **앞 밑폭 설정 :** 2.1/4" 제도

● **큐롯형 셔링 바지 밑폭 설정 방법**

기본바지보다 힙치수를 2" 키워서 제작하므로
밑폭도 기본바지 밑폭 5"보다 2" 키워서 7"로
밑폭을 정한다.

▶ 정확히 나눠지지 않을 때는 반올림해서
적용한다.
7"를 1:2 비율로 앞, 뒤 분할한다.
앞 : 2.1/4"   뒤 : 4.3/4"가 된다.

(4) 주름선 설정. 안솔기, 옆솔기 제도

▶ **주름선 설정** : a와 b이등분점을 기준으로 허리선에서 밑단까지 수직선을 그린다.

▶ **안솔기 제도** : a에서 바지단까지 수직선을 긋는다.

▶ **옆솔기 제도** : b에서 바지단까지 수직선을 긋는다.

(5) 앞 다트양 산출 및 분할

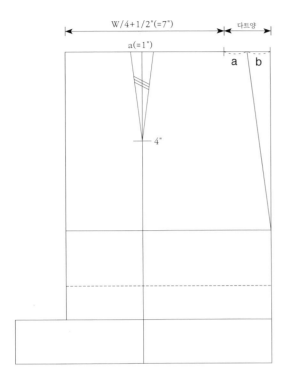

▶ 앞다트양은 앞허리선에서 완성길이인
  W/4(=6.1/2")+1/2"을 뺀 나머지길이다.

▶ 옆선의 위치를 기본바지 보다 뒤쪽으로 1/2"
  이동된 위치에서 제도하므로 힙치수 변화와
  동일하게 허리치수도 1/2" 키운 치수로 제도한다.

▶ 다트양의 절반은 옆선 다트양(b=1)으로
  제도하고, 나머지 절반은 앞 다트양(a=1)으로
  제도한다.

(6) 곡선 정리

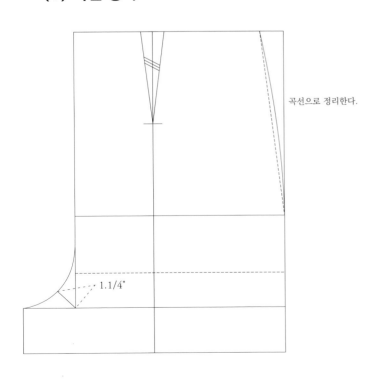

곡선으로 정리한다.

▶ **옆솔기 곡선 정리 :** 허리선에서 힙선까지
  곡선으로 연결한다.

▶ **앞밑폭 곡선 정리 :** 그림처럼 대각선길이
  1.1/4" 지나는 지점을 곡선으로 연결한다.

앞판 완성

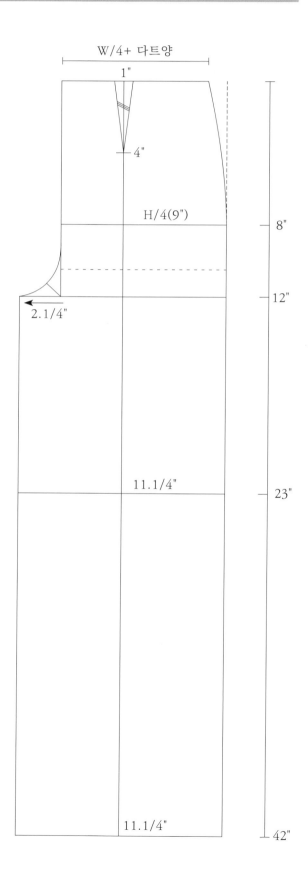

W/4+ 다트양

1"

4"

H/4(9")

8"

12"

2.1/4"

11.1/4"

23"

11.1/4"

42"

2) 뒤판제도

제도된 앞판을 활용하여 뒤판을 제도한다.

(1) 뒤 밑위길이 설정 및 힙치수 설정

▶ **뒤 밑위설정 :** 앞판 밑위길이와 동일한 위치에
뒤 밑위선을 그린다.

▶ **뒤 힙치수 설정 :** 앞 중심선에서 1/2" 떨어진
지점에서 뒤판 중심선을 수직선으로 올리고
H/4를 적용하여 9"로 사각박스를 그린다.

(2) 스타일 밑위길이 및 힙치수 설정

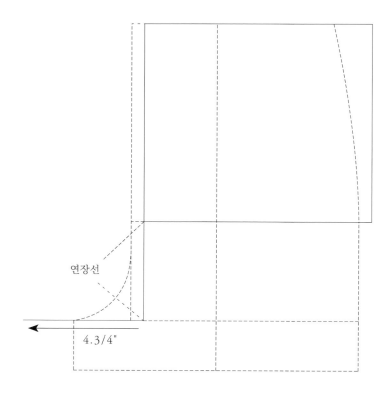

▶ 뒤 중심선을 밑위선까지 연장한다.

▶ 뒤밑폭 : 4.3/4"

(3) 안솔기 옆솔기 제도

▶ **안솔기 제도 :** c에서 바지단까지 수직선을
  긋는다.

▶ **옆솔기 제도 :** d에서 바지단까지 수직선을
  긋는다.

(4) 뒤다트 제도

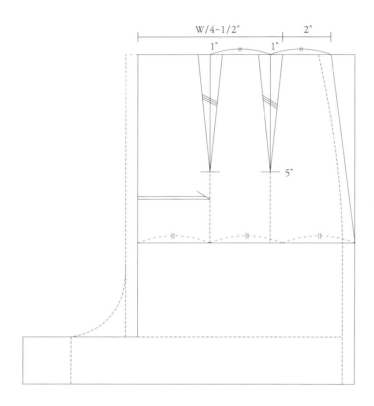

▶ 뒤 허리선에서 완성 길이인
W/4(=6.1/2")−1/2"+뒤 다트량(=2")로 한다.

▶ 옆선의 위치를 기본바지보다 뒤쪽으로 1/2"
이동된 위치에서 제도하므로 힙치수와 허리
치수도 1/2" 줄인 치수로 제도한다.

▶ 뒤판 다트양 2"는 앞판의 옆 솔기선과 동일한
곡선이 되도록 제도하기 위함이다.

(5) 곡선 정리

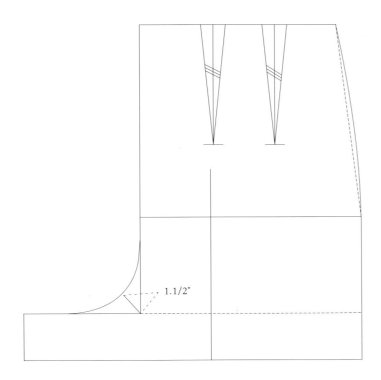

1.1/2"

▶ **옆솔기 곡선 정리 :** 허리선에서 힙선까지 앞판의 옆선과 동일한 곡선으로 연결한다.

▶ **뒤밑폭 곡선 정리 :** 그림처럼 대각선길이 1.1/2" 지나는 지점을 곡선으로 연결한다.

뒤판 완성

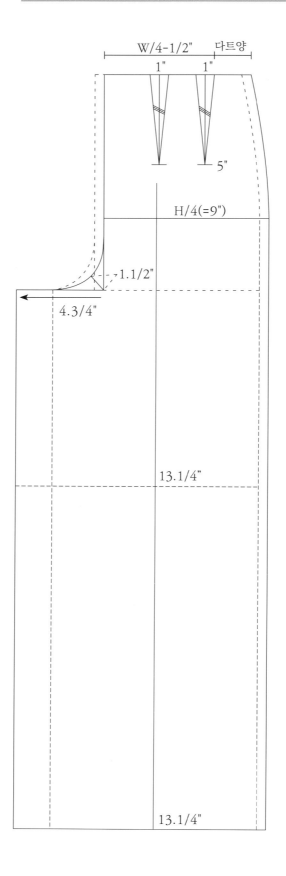

W/4-1/2"   다트양

1"   1"

5"

H/4(=9")

1.1/2"

4.3/4"

13.1/4"

13.1/4"

3) 로우 웨이스트 밴드 제작

(1) 뒤 다트끝점을 뒤중심선 쪽으로 절개선을 넣는다.

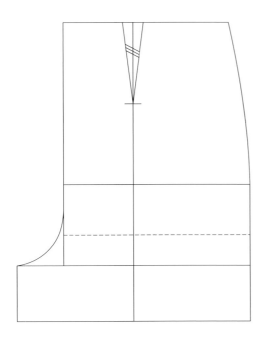 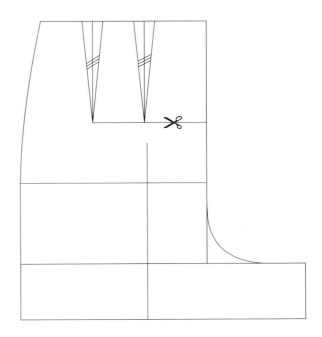

(2) 허리밴드 위치 및 밴드폭 설정

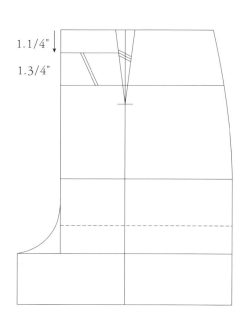
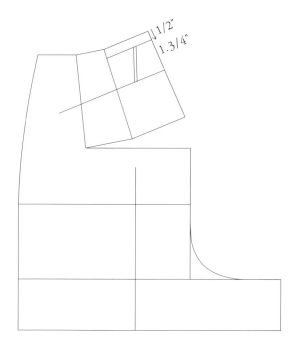

▶ 뒤판의 절개선을 자른 후 다트의 시접이 뒤 중심선 쪽으로 향하도록 접는다.

▶ 허리선에서 뒤 중심은 1/2" 내려온 지점을 표시,

▶ 앞 중심은 1.3/4" 내려온 지점을 표시.

▶ 허리밴드의 폭은 1.3/4" 표시.

▶ 그림처럼 밴드의 아랫선을 앞, 뒤 중심선에 직각으로 옆선까지 안내선을 그려준다.

(3) 로우 웨이스트 밴드 제도

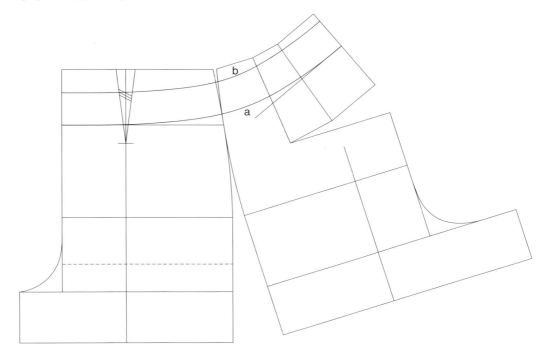

▶ 그림 처럼 뒤쪽만 다트를 접고 앞쪽은 다트를 접지 않고 옆선을 붙인다.

▶ 옆선은 앞 밴드 아랫선을 기점으로 그림처럼 허리선은 살짝 떨어지고 몸판은 붙게 한다.
   (이유 : 밴드의 윗 둘레의 여유도 주고, 곡선을 최대한 직선의 형태로 만들기 위함이다.)

▶ 밴드 안내선을 기반으로 밴드의 밑둘레(a)를 자연스러운 곡선으로 먼저 제도하고
   밴드 윗둘레(b)는 1.3/4"폭으로 제도한다.

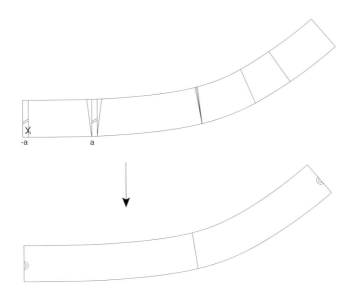

▶ 밴드제작 A방법으로 윗둘레에 여유를 주어
   밴드를 제작한다.

로우 웨이스트 밴드 완성

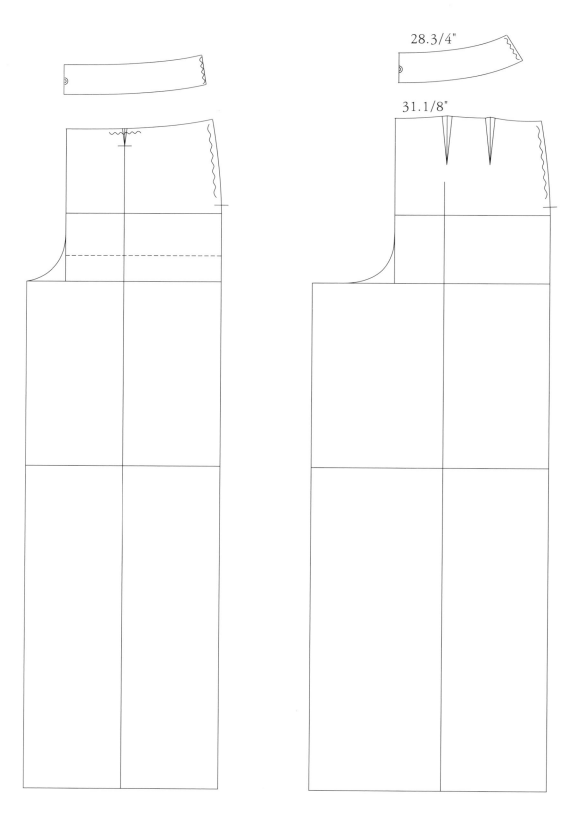

28.3/4"

31.1/8"

4) 완성된 몸판 패턴에 셔링분량을 넣기

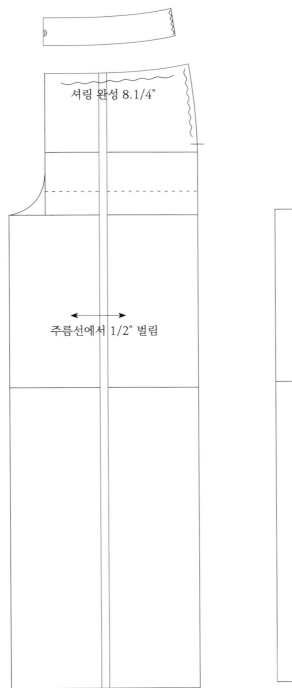

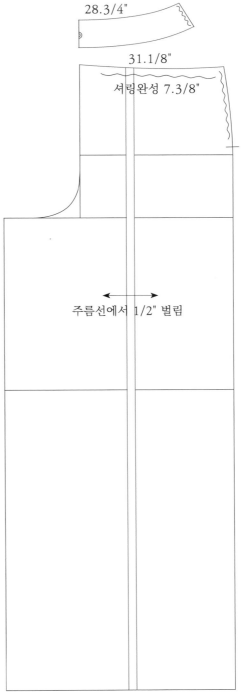

28.3/4"

31.1/8"

셔링완성 7.3/8"

셔링 완성 8.1/4"

주름선에서 1/2" 벌림

주름선에서 1/2" 벌림

▶ 앞, 뒤 주름선을 절개하여 셔링 분량 1/2"를 그림처럼 넣어준다.

▶ 남아 있는 다트양도 셔링으로 처리한다.

▶ 힙치수는 36"에서 38"로 커지게 된다.

5 타이트핏 바지

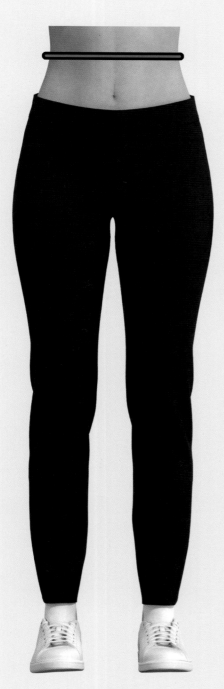

| Front |

| Side |

| Back |

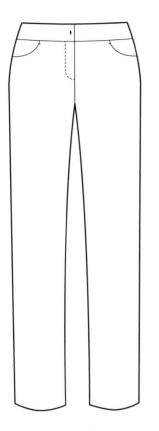
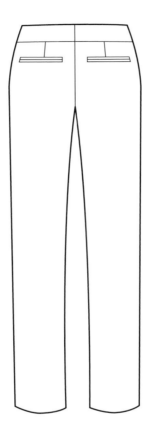

디자인 특징

늘어남이 있는 신축성 소재를 사용하여 엉덩이 둘레 치수를 신체 치수보다 약간 적은 치수로 만들어진 타이트한 실루엣 바지 입니다.

● 적용 사이즈

(단위 : inch)

항목 \ 구분	인체	여유량	패턴 제도		완성 패턴
허리둘레	26	0	26		윗둘레 : 30
					밑둘레 : 31.7/8
엉덩이둘레	36	-1	36		-
밑위길이	10.1/2	+3/8	10.7/8		-
밑폭	기본 : 5	-1	4	앞 : 1	-
				뒤 : 3	
기울기			앞 : 1/4		-
			뒤 : 1		
무릎폭			7.1/2		-
바지단폭			6		-
바지기장			40		37.3/4"

1) 앞판 제도

(1) 기초선 제도

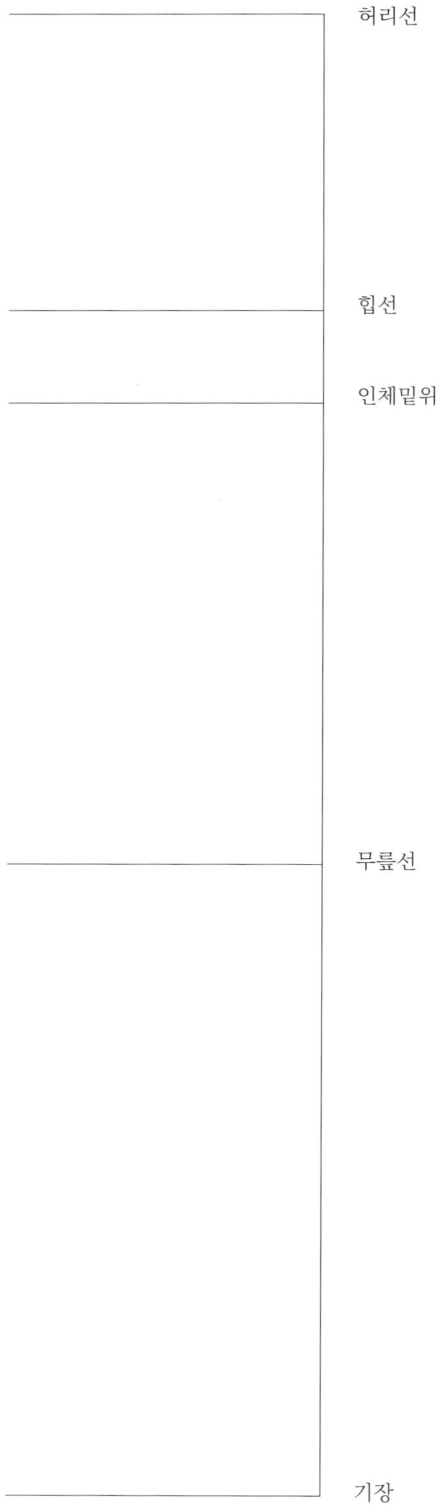

허리선

힙선

인체밑위

무릎선

기장

▶ 엉덩이 길이 : 8"

▶ 인체밑위 길이 : H/8 + 6" = 10.1/2"

▶ 무릎선 : 23"

▶ 바지길이 : 40"

(2) 스타일 밑위길이 설정, 힙치수 설정

H/4-1/2" = 8.1/4"

인체 밑위길이
스타일 밑위선

↓ 3/8"

▶ **스타일 밑위선 설정 :** 인체 밑위길이에서
3/8" 내려온 위치에 타이트 바지
밑위선을 설정한다.
(인체 밑위길이를 기반으로 바지 스타일
별로 밑위길이를 다르게 적용한다.)

▶ **힙 치수 설정 :** H/4-1/2"을 적용하여
앞판은 8.1/4"로 제도한다.

(3) 밑폭 설정

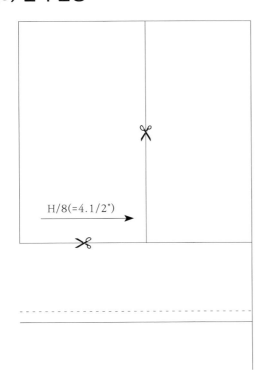

H/8(=4.1/2")

▶ **기울기선 설정**
힙선상 앞중심에서 H/8(=4.1/2") 떨어진
지점에서 수직선을 허리선까지 긋고,
그림처럼 자른다.

(4) 앞중심 기울기 전개

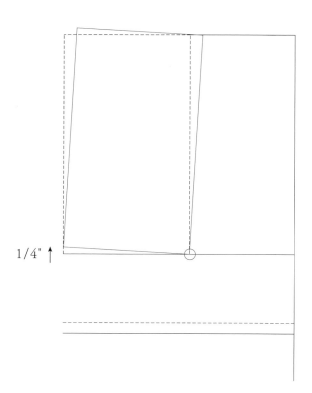

1/4" ↑

▶ 앞 중심에서 타이트바지 스타일 기울기양 1/4"를 벌려준다.

(5) 밑폭 설정

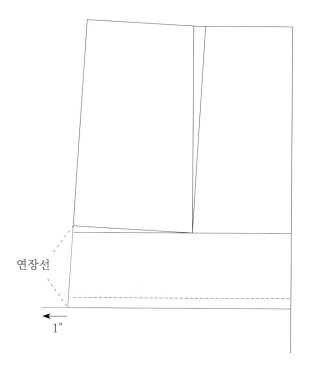

연장선

← 1"

▶ 변화된 앞 중심선을 밑위선 까지 연장한다.

▶ 앞 밑폭 설정 : 1" 제도

● **타이트바지 밑폭 설정 방법**

H/8+1/2"=5"를 기본바지 밑폭으로 설정한다.

※ 기본바지를 기준으로 힙치수의 변화만큼
밑폭의 치수도 동일하게 적용한다.
기본바지보다 힙치수를 1" 줄여서 제작하므로
밑폭도 기본바지 밑폭 5"보다 1" 줄여서 4"로
밑폭을 정한다.
4"를 1:3비율로 앞. 뒤 분할한다.
앞 : 1"   뒤 : 3"가 된다.

(6) 주름선 설정, 밑단폭 설정, 무릎폭 설정

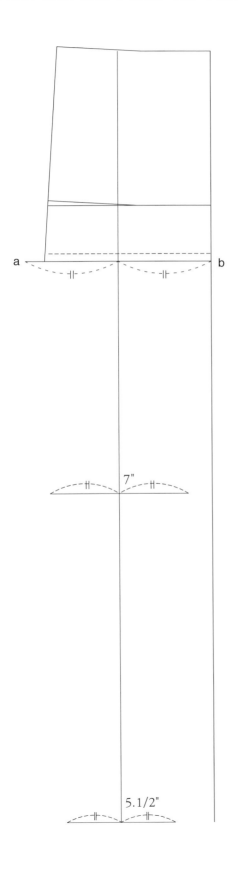

▶ **주름선 설정 :** a와 b 이등분점을 기준으로
허리선에서 밑단까지 수직선을 그린다.

▶ **밑단폭 설정 :** 최종 완성치수 6"에서
앞판은 1/2" 적게 5.1/2"를 주름선을 기준으로
이등분하여 설정한다.

▶ **무릎폭설정 :** 최종 완성치수 7.1/2"에서
앞판은 1/2" 적게 7"를 주름선을 기준으로
이등분하여 설정한다.

(7) 앞다트양 산출 및 분할

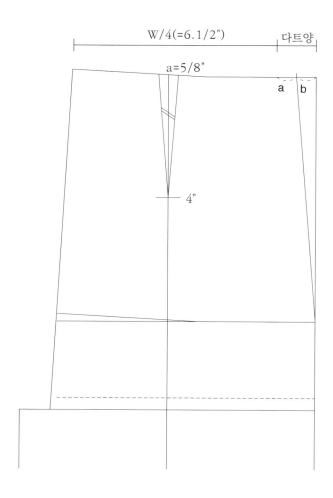

W/4(=6.1/2")　다트양

a=5/8"

a　b

4"

▶ 앞 다트양은 앞 허리선에서 완성 길이인 W/4(=6.1/2")을 뺀 나머지길이다.

▶ 다트양의 절반은 옆선 다트양(b=5/8")으로 제도하고, 나머지 절반은 앞 다트양(a=5/8") 으로 제도한다.

(7) 안솔기, 옆솔기 안내선 제도

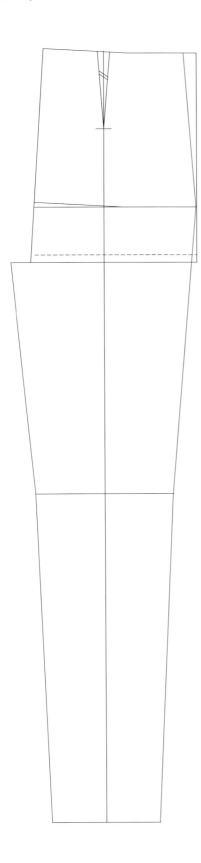

▶ **안솔기 :** 앞밑폭, 무릎, 부리 지점을
직선으로 안내선을 연결한다.

▶ **옆솔기 :** 힙선, 무릎, 부리 지점을
직선으로 안내선을 연결한다.

(8) 안솔기 옆솔기 곡선제도

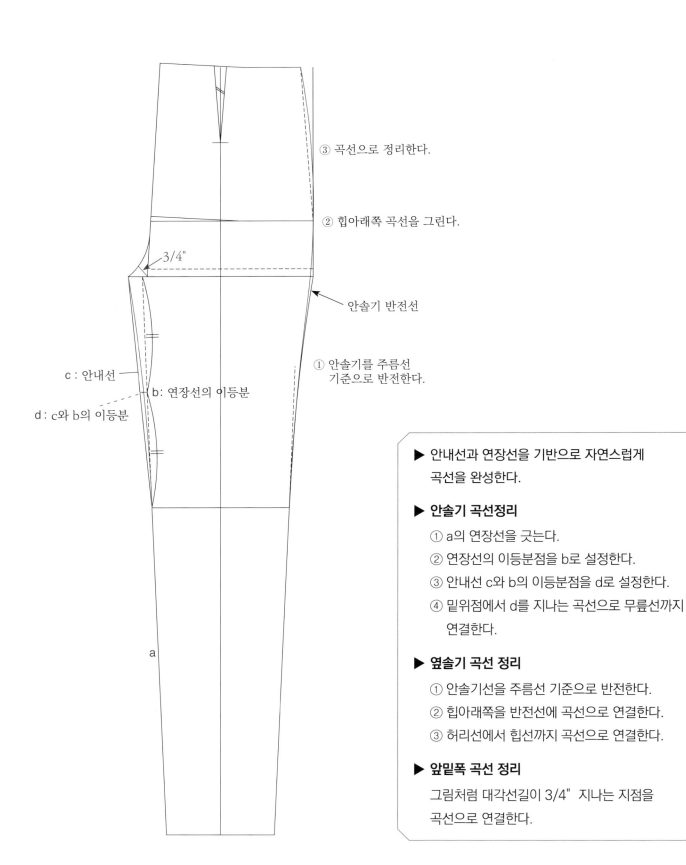

③ 곡선으로 정리한다.

② 힙아래쪽 곡선을 그린다.

3/4"

안솔기 반전선

① 안솔기를 주름선
기준으로 반전한다.

c : 안내선

b : 연장선의 이등분

d : c와 b의 이등분

a

▶ 안내선과 연장선을 기반으로 자연스럽게
곡선을 완성한다.

▶ **안솔기 곡선정리**
  ① a의 연장선을 긋는다.
  ② 연장선의 이등분점을 b로 설정한다.
  ③ 안내선 c와 b의 이등분점을 d로 설정한다.
  ④ 밑위점에서 d를 지나는 곡선으로 무릎선까지
    연결한다.

▶ **옆솔기 곡선 정리**
  ① 안솔기선을 주름선 기준으로 반전한다.
  ② 힙아래쪽을 반전선에 곡선으로 연결한다.
  ③ 허리선에서 힙선까지 곡선으로 연결한다.

▶ **앞밑폭 곡선 정리**
  그림처럼 대각선길이 3/4" 지나는 지점을
  곡선으로 연결한다.

앞판 완성

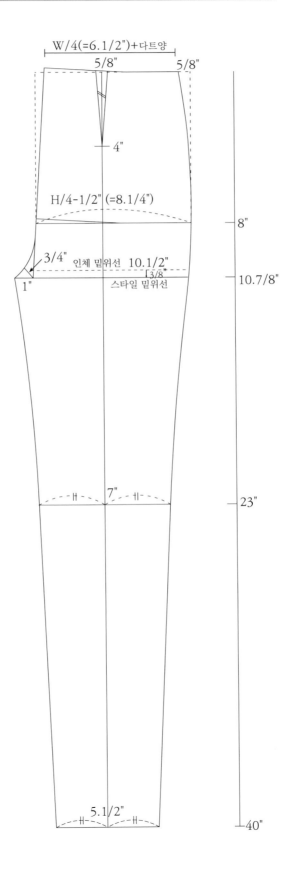

W/4(=6.1/2")+다트양

5/8"   5/8"

— 4"

H/4-1/2" (=8.1/4")

8"

3/4" 인체 밑위선 10.1/2"

3/8"

1"   스타일 밑위선   10.7/8"

7"   23"

5.1/2"   40"

2) 뒤판 제도

제도된 앞판을 활용하여 뒤판을 제도한다.

(1) 뒤 밑위길이 설정 및 힙치수 설정

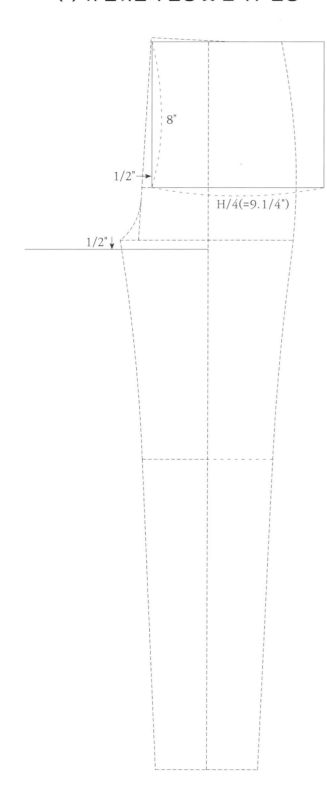

8"

1/2"→

H/4(=9.1/4")

1/2"↓

▶ **뒤밑위 설정 :** 앞판 밑위길이에서 1/2"를 내려서 뒤 밑위선을 그린다.

▶ **힙치수 설정 :** 앞 중심선에서 1/2" 떨어진 지점에서 뒤판 중심선을 수직선으로 올리고 H/4+1/2"를 적용하여 9.1/4"로 사각박스를 그린다.

(2) 뒤중심 기울기 제도

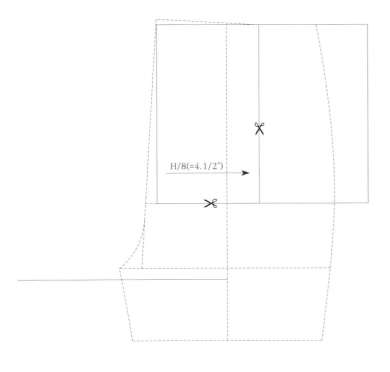

H/8(=4.1/2")

▶ **뒤기울기선 설정**

힙선상 앞중심에서 H/8(4.1/2")떨어진
지점에서 수직선을 허리선까지 긋고
그림처럼 자른다.

(3) 뒤중심 기울기 전개

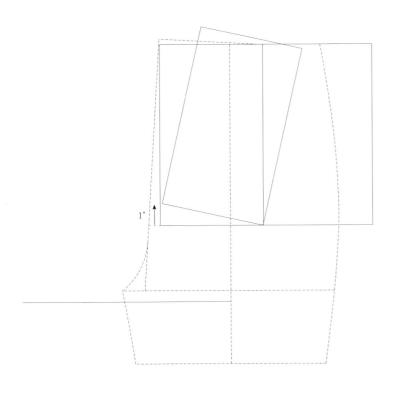

1"

▶ 뒤 중심에서 기본바지 기울기양 1"를
벌려준다

(4) 뒤 밑폭 설정

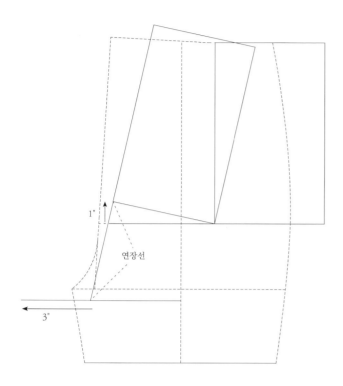

1"

연장선

3"

▶ 변화된 뒤 중심선을 밑위선까지 연장한다.

▶ **뒤밑폭 설정** : 3"인치 제도

(5) 뒤다트 제도

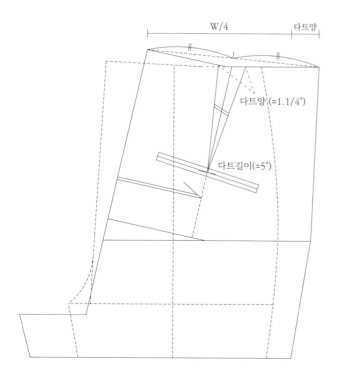

W/4   다트양

다트양(=1.1/4")

다트길이(=5")

▶ 뒤허리선에서 완성 길이인

W/4(=6.1/2")+뒤다트양(=1.1/4")로 한다.

(6) 뒤 밑단폭 설정, 무릎폭 설정 및 안솔기 옆솔기 안내선 제도

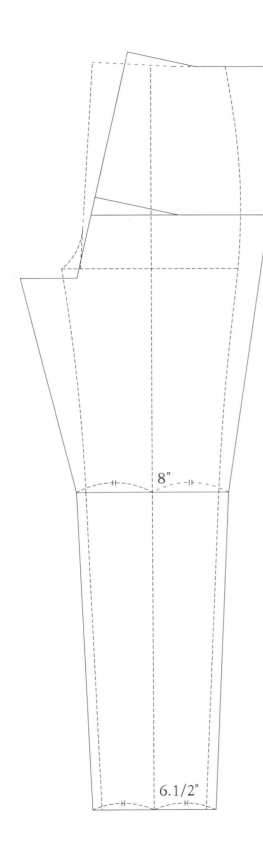

▶ **뒤 밑단폭 설정 :** 최종 완성치수 6"에서
뒤판은 1/2" 크게 6.1/2"를 주름선을
기준으로 이등분하여 설정한다.

▶ **뒤 무릎폭 설정 :** 최종 완성치수 7.1/2"에서
뒤판은 1/2" 크게 8"를 주름선을 기준으로
이등분하여 설정한다.

▶ **뒤 안솔기 안내선 제도 :** 뒤밑폭, 무릎,
부리 지점을 직선으로 연결한다.

▶ **뒤 옆솔기 안내선 제도 :** 뒤힙선, 무릎,
부리 지점을 직선으로 연결한다.

(7) 안솔기, 옆솔기 곡선 정리

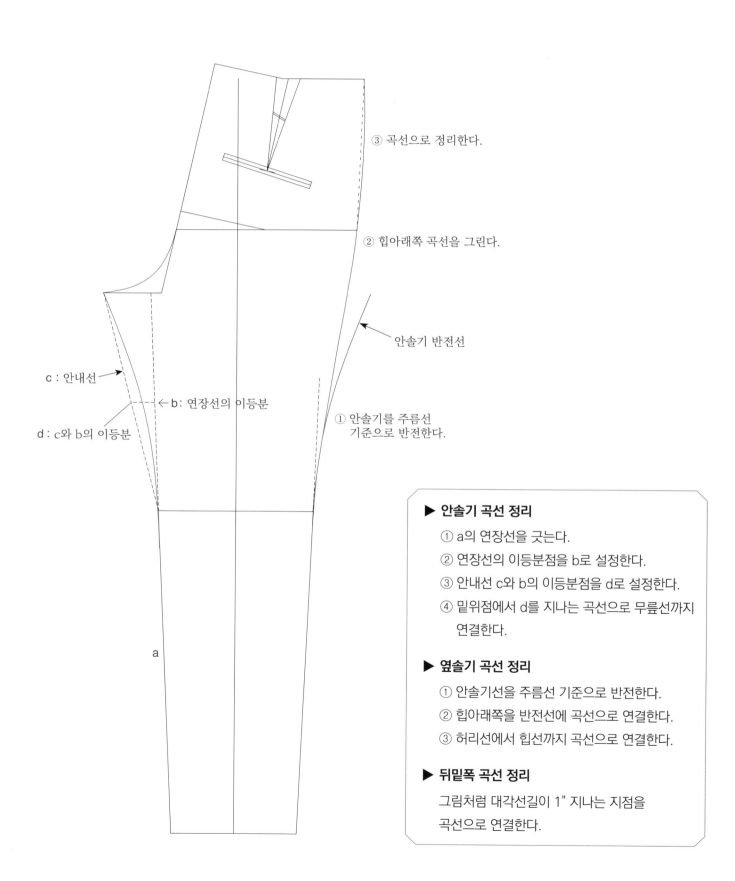

③ 곡선으로 정리한다.

② 힙아래쪽 곡선을 그린다.

안솔기 반전선

c : 안내선

←b : 연장선의 이등분

d : c와 b의 이등분

① 안솔기를 주름선 기준으로 반전한다.

a

▶ **안솔기 곡선 정리**

① a의 연장선을 긋는다.
② 연장선의 이등분점을 b로 설정한다.
③ 안내선 c와 b의 이등분점을 d로 설정한다.
④ 밑위점에서 d를 지나는 곡선으로 무릎선까지 연결한다.

▶ **옆솔기 곡선 정리**

① 안솔기선을 주름선 기준으로 반전한다.
② 힙아래쪽을 반전선에 곡선으로 연결한다.
③ 허리선에서 힙선까지 곡선으로 연결한다.

▶ **뒤밑폭 곡선 정리**

그림처럼 대각선길이 1" 지나는 지점을 곡선으로 연결한다.

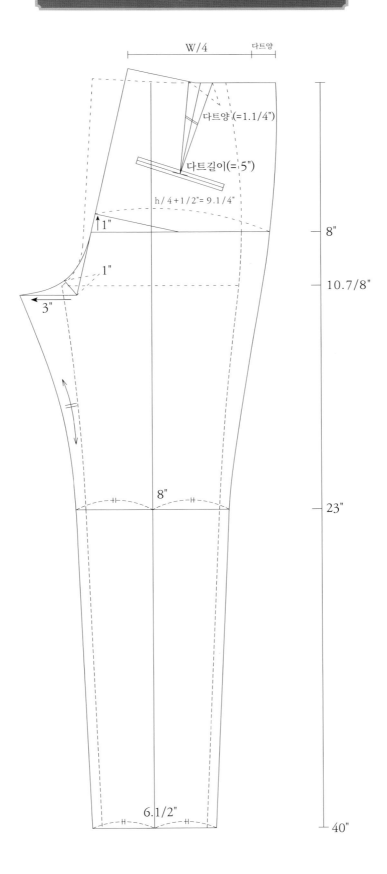

W/4   다트양

다트양(=1.1/4")

다트길이(= 5")

h/4+1/2"= 9.1/4"

1"

1"

3"

8"

10.7/8"

23"

8"

6.1/2"

40"

3) 로우 웨이스트 밴드 패턴제도

로우 웨이스트 허리밴드는 인체의 제 허리선에서 약간 내려와 골반에 형성되고, 뒤 중심보다 앞 중심쪽이 더 내려와서 허리선이 경사진 형태로 밴드가 착장된다. 이 때 착장위치 및 앞·뒤 경사는 디자인적 요인으로 브랜드 고객의 연령대 및 트랜드 등을 반영하여 디자인을 하면 된다.

(1) 뒤 다트 끝점을 뒤 중심선 쪽으로 절개선을 넣는다.

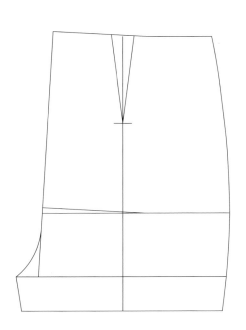
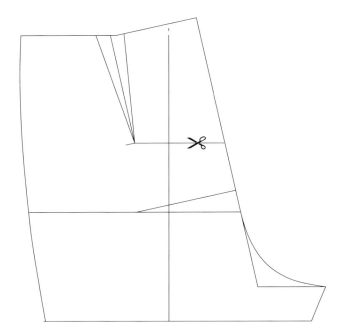

(2) 허리밴드 위치 및 밴드폭 설정

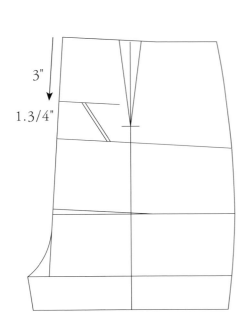
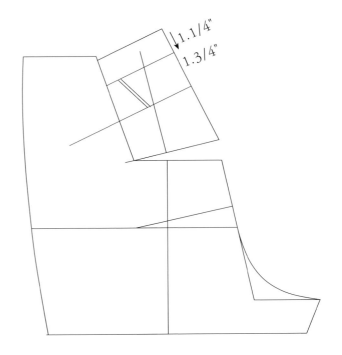

▶ 뒤판의 절개선을 자른 후 다트의 시접이 뒤 중심선 쪽으로 향하도록 접는다.

▶ 허리선에서 뒤 중심은 1.1/4" 내려온 지점을 표시,

▶ 앞 중심은 3" 내려온 지점을 표시.

▶ 허리밴드의 폭은 1.3/4" 표시

▶ 그림처럼 밴드의 아랫선을 앞 · 뒤중심선에 직각으로 옆선까지 안내선을 그려준다.

(3) 로우 웨이스트 밴드 제도

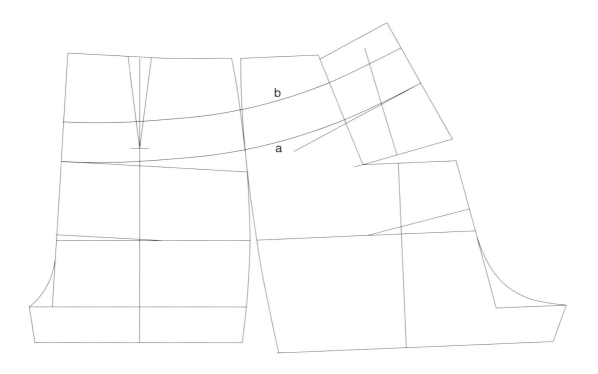

▶ 그림처럼 뒤쪽만 다트를 접고 앞쪽은 다트를 접지 않고 옆선을 붙인다.

▶ 옆선은 앞 밴드 아랫선을 기점으로 그림처럼 허리선은 살짝 떨어지고 몸판은 붙게 한다.
　(밴드의 윗둘레의 여유도 주고, 곡선을 최대한 직선의 형태로 만들기 위함이다.)

▶ 밴드 안내선을 기반으로 밴드의 밑둘레(a)를 자연스러운 곡선으로 먼저 제도하고,
　밴드 윗둘레(b)는 1.3/4"폭으로 제도한다.

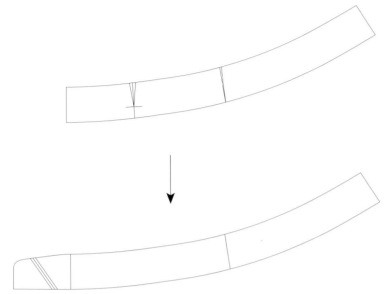

▶ 밴드제작 A방법으로 윗둘레에 여유를 주어
 밴드를 제작한다.

최종 완성된 패턴

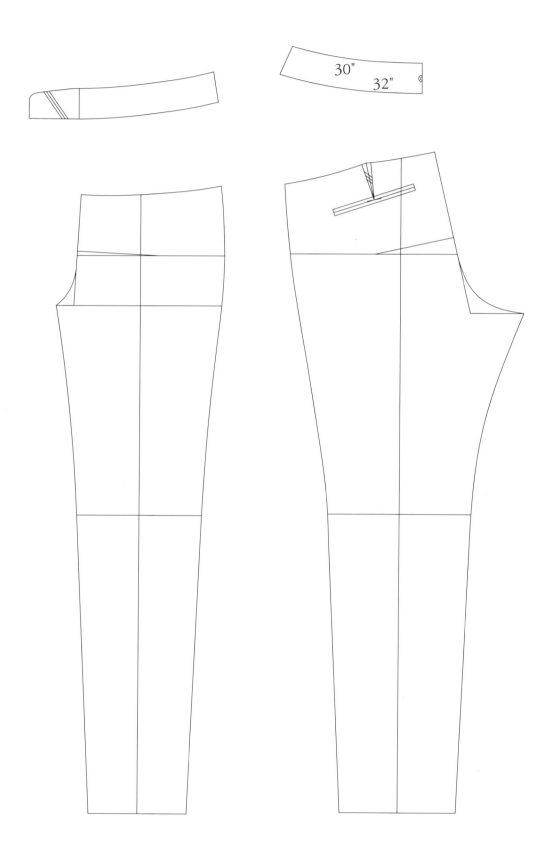

memo

6 데님 스키니 바지

| Front | | Side | | Back |

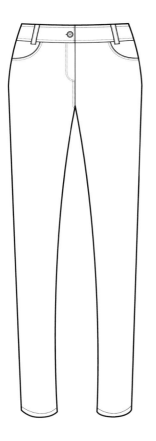

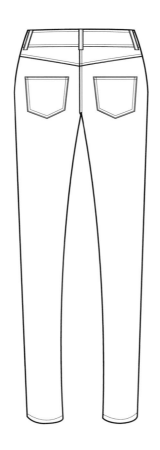

디자인 특징

허리, 엉덩이, 다리의 모든 부위에서 신체치수보다 적게 제작되어 다리에 감겨 붙을 정도로 타이트하며 날씬한 실루엣의 바지입니다.
잘 늘어나는 소재를 사용하여 착용감 및 활동성을 좋게 합니다.

● 적용 사이즈

(단위 : inch)

항목 \ 구분	인체	여유량	패턴 제도		완성 패턴
허리둘레	26	0	26		31.1/2
엉덩이둘레	36	−2	34		−
밑위길이	10.1/2	0	10.1/2		−
밑폭	기본 : 5	−2	3	앞 : 3/4	−
				뒤 : 2.1/4	
기울기			앞 : 5/16		−
			뒤 : 1.1/2		
무릎폭			7		−
바지단폭			4.1/2		−
바지기장			40		37.1/8

1) 앞판 제도

(1) 기초선 제도

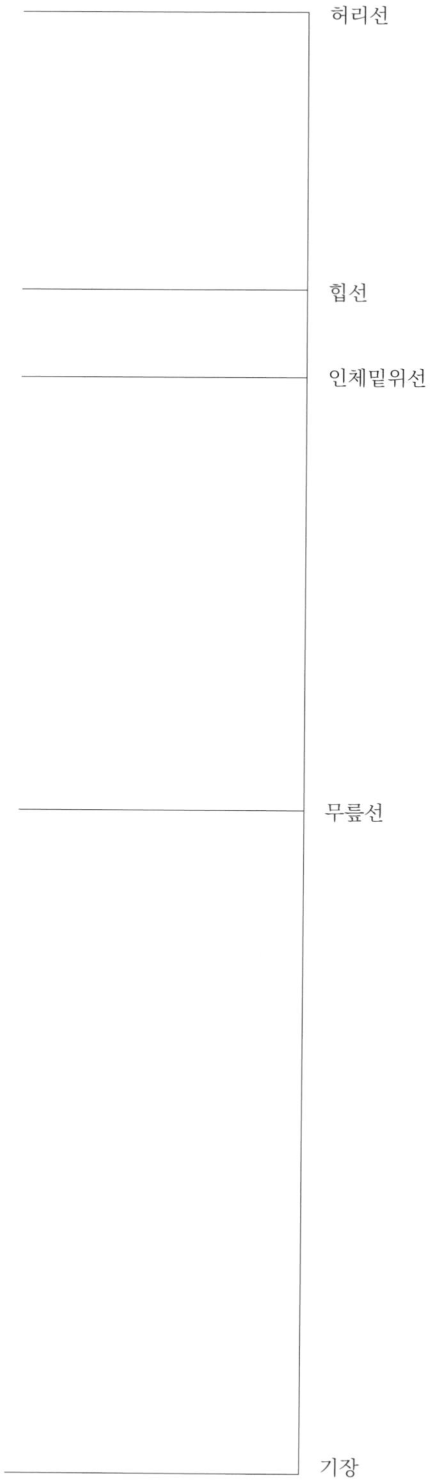

허리선

힙선

인체밑위선

무릎선

기장

▶ 엉덩이 길이 : 8"

▶ 인체밑위 길이 : H/8 + 6" = 10.1/2"

▶ 무릎선 : 23"

▶ 바지길이 : 40"

(2) 스타일 밑위길이 및 힙치수 설정

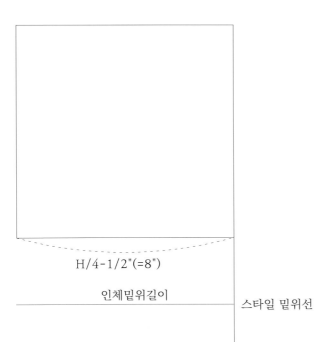

H/4-1/2"(=8")

인체밑위길이

스타일 밑위선

▶ **스타일 밑위선 설정 :** 인체 밑위길이선을
스키니 밑위선을 설정한다.

※ 밑위길이에 여유분을 전혀 주지 않고
인체에 딱 맞도록 한다.

※ 인체 밑위길이를 기반으로 바지 스타일별로
밑위길이를 다르게 적용한다.

▶ **힙 치수 설정 :** H/4-1/2"을 적용하여
앞판은 8.1/4"로 제도한다.

(3) 앞중심 기울기 제도

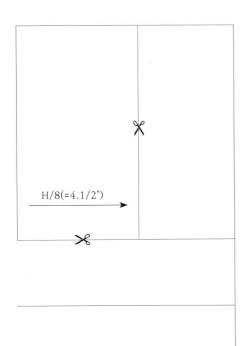

H/8(=4.1/2")

▶ **기울기선 설정**

힙선상 앞중심에서 H/8(=4.1/2") 떨어진
지점에서 수직선을 허리선까지 긋고,
그림처럼 자른다.

(4) 앞중심 기울기 전개

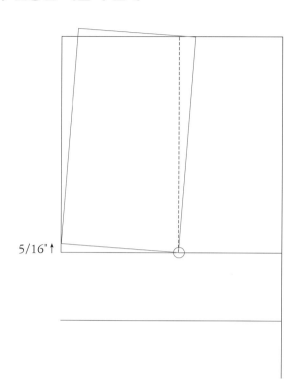

5/16"↑

▶앞 중심에서 타이트바지 스타일 기울기양
　5/6"를 벌려준다

(5) 밑폭 설정

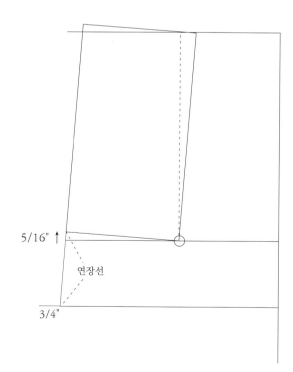

5/16"↑

연장선

3/4"

▶ 앞 중심선을 밑위선 까지 연장한다.

▶ **앞 밑폭 설정 :** 3/4" 제도

● **스키니 밑폭 설정 방법**

H/8+1/2"=5"를 기본바지 밑폭으로 설정한다.

※ 기본바지를 기준으로 힙치수의 변화만큼
　밑폭의 치수도 동일하게 적용한다.
　기본바지보다 힙치수를 2" 줄여서 제작하므로 밑폭도
　기본바지 밑폭 5"보다 2" 줄여서 3"로 밑폭을 정한다.
　3"를 1:3비율로 앞. 뒤 분할한다.
　앞 : 3/4"　　뒤 : 2.1/4"가 된다.

(6) 주름선 설정, 밑단폭 설정, 무릎폭 설정

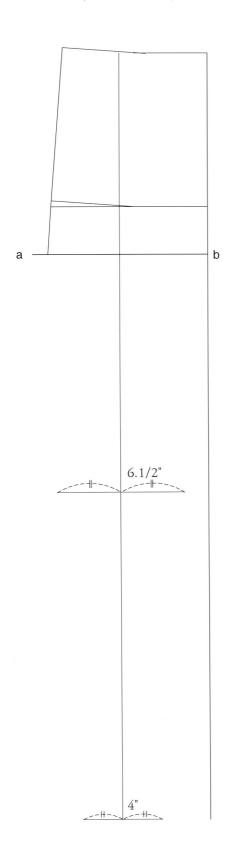

▶ **주름선 설정 :** a와 b 이등분점을 기준으로
허리선에서 밑단까지 수직선을 그린다.

▶ **밑단폭 설정 :** 최종 완성치수 4.1/2"에서
앞판은 1/2" 적게 4"를 주름선을 기준으로
이등분하여 설정한다.

▶ **무릎폭 설정 :** 최종 완성치수 7"에서
앞판은 1/2" 적게 6.1/2"를 주름선을 기준으로
이등분하여 설정한다.

(7) 앞 다트양 산출 및 분할

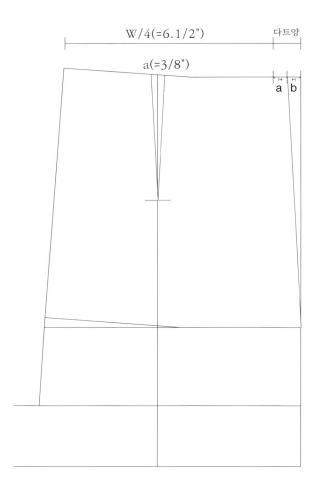

▶ 앞 다트양은 앞 허리선에서 완성 길이인
   W/4(=6.1/2")을 뺀 나머지길이다.

▶ 다트양의 절반은 옆선 다트양(b=3/8")으로
   제도하고, 나머지 절반은 앞 다트양(a=3/8")
   으로 제도한다.

(8) 안솔기, 옆솔기 안내선 제도

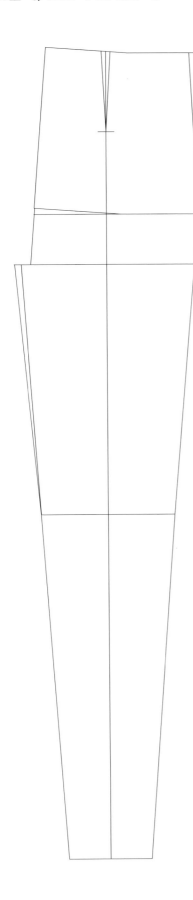

▶ **안솔기 :** 앞밑폭, 무릎, 부리 지점을 직선으로
  안내선을 연결한다.

▶ **옆솔기 :** 힙선, 무릎, 부리 지점을 직선으로
  안내선을 연결한다.

(9) 안솔기 옆솔기 곡선제도

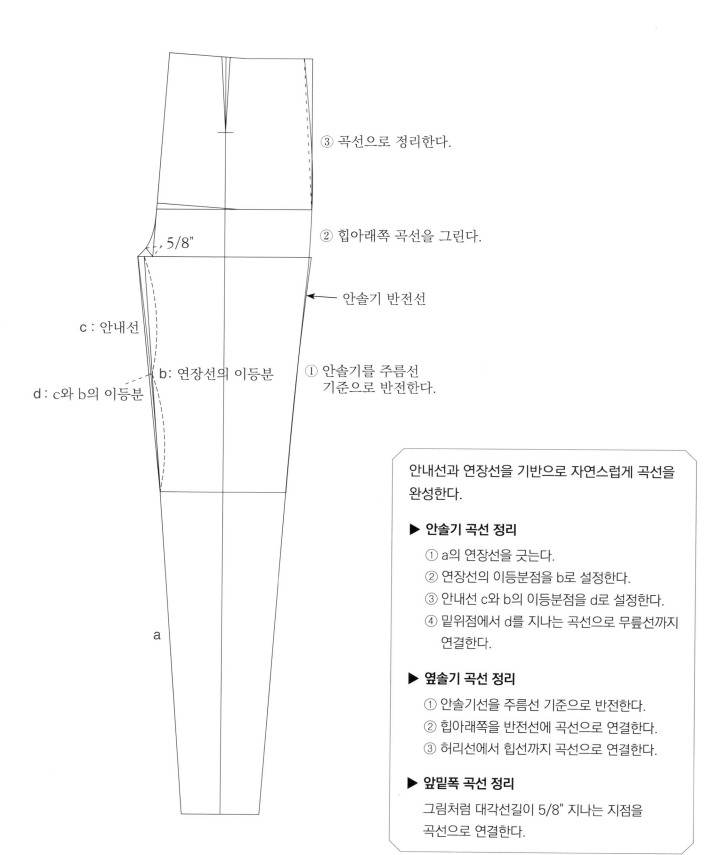

③ 곡선으로 정리한다.

② 힙아래쪽 곡선을 그린다.

안솔기 반전선

5/8"

c : 안내선

b : 연장선의 이등분

d : c와 b의 이등분

① 안솔기를 주름선
기준으로 반전한다.

a

안내선과 연장선을 기반으로 자연스럽게 곡선을
완성한다.

▶ **안솔기 곡선 정리**

① a의 연장선을 긋는다.
② 연장선의 이등분점을 b로 설정한다.
③ 안내선 c와 b의 이등분점을 d로 설정한다.
④ 밑위점에서 d를 지나는 곡선으로 무릎선까지
연결한다.

▶ **옆솔기 곡선 정리**

① 안솔기선을 주름선 기준으로 반전한다.
② 힙아래쪽을 반전선에 곡선으로 연결한다.
③ 허리선에서 힙선까지 곡선으로 연결한다.

▶ **앞밑폭 곡선 정리**

그림처럼 대각선길이 5/8" 지나는 지점을
곡선으로 연결한다.

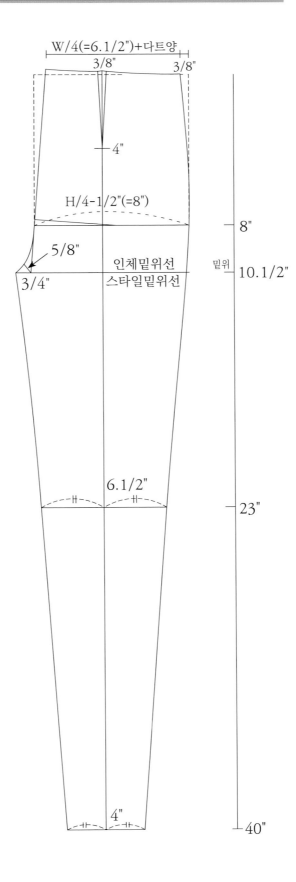

W/4(=6.1/2")+다트양

3/8"　　3/8"

4"

H/4-1/2"(=8")

5/8"

3/4"

인체밑위선
스타일밑위선

8"

밑위　10.1/2"

6.1/2"

23"

4"

40"

2) 뒤판 제도

제도된 앞판을 활용하여 뒤판을 제도한다.

(1) 뒤 밑위길이 설정 및 힙치수 설정

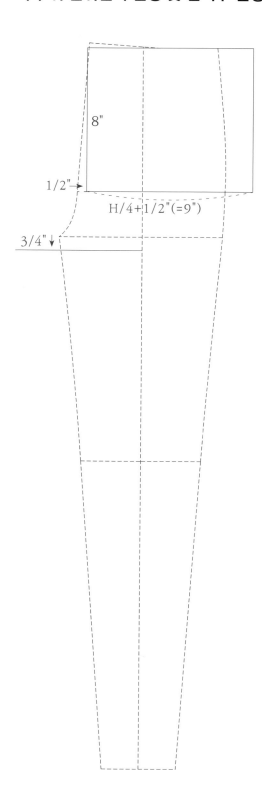

▶ **뒤 밑위 설정** : 앞판 밑위길이에서 1/2"를 내려서 뒤 밑위선을 그린다.

▶ **힙치수 설정** : 앞 중심선에서 1/2" 떨어진 지점에서 뒤판 중심선을 수직선으로 올리고 H/4+1/2"를 적용하여 9"로 사각박스를 그린다.

(2) 뒤 기울기제도

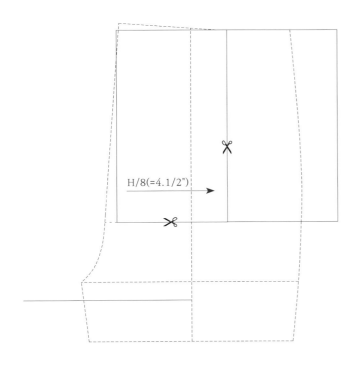

▶ 뒤기울기선 설정

힙선상 앞중심에서 H/8(4.1/2")떨어진
지점에서 수직선을 허리선까지 긋고
그림처럼 자른다.

(3) 뒤중심 기울기 전개

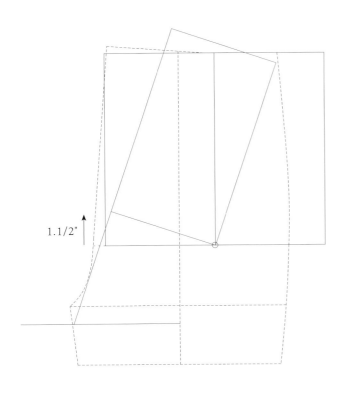

▶ 뒤 중심에서 스키니 기울기양 1.1/2"를
벌려준다.

(4) 밑폭 설정

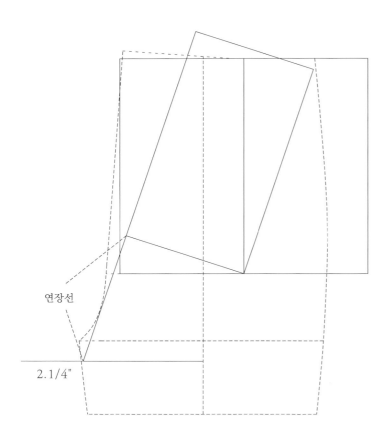

연장선

2.1/4"

▶ 변화된 뒤 중심선을 밑위선까지 연장한다.

▶ **뒤밑폭 제도 :** 2.1/4" 제도

(5) 뒤다트 제도

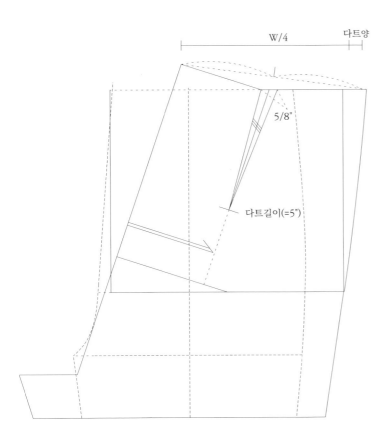

W/4   다트양

5/8"

다트길이(=5")

▶ 뒤 허리선에서 완성 길이인
    W/4(+6.1/2")+뒤다트양 5/8"로 한다.

(6) 뒤 밑단폭 설정, 무릎폭 설정 및 안솔기 옆솔기 안내선 제도

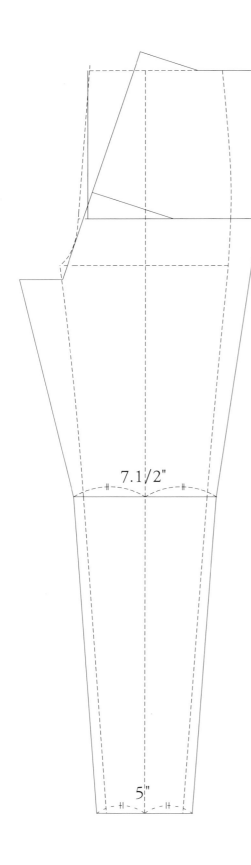

7.1/2"

5"

▶ **뒤 밑단폭 설정** : 최종 완성치수 4.1/2"에서 뒤판은 1/2" 크게 5"를 주름선을 기준으로 이등분하여 설정한다.

▶ **뒤 무릎폭 설정** : 최종 완성치수 7"에서 뒤판은 1/2" 크게 7.1/2"를 주름선을 기준으로 이등분하여 설정한다.

▶ **뒤 안솔기 안내선 제도** : 뒤밑폭, 무릎, 부리 지점을 직선으로 연결한다.

▶ **뒤 옆솔기 안내선 제도** : 뒤힙선, 무릎, 부리 지점을 직선으로 연결한다.

(7) 안솔기, 옆솔기 곡선 정리

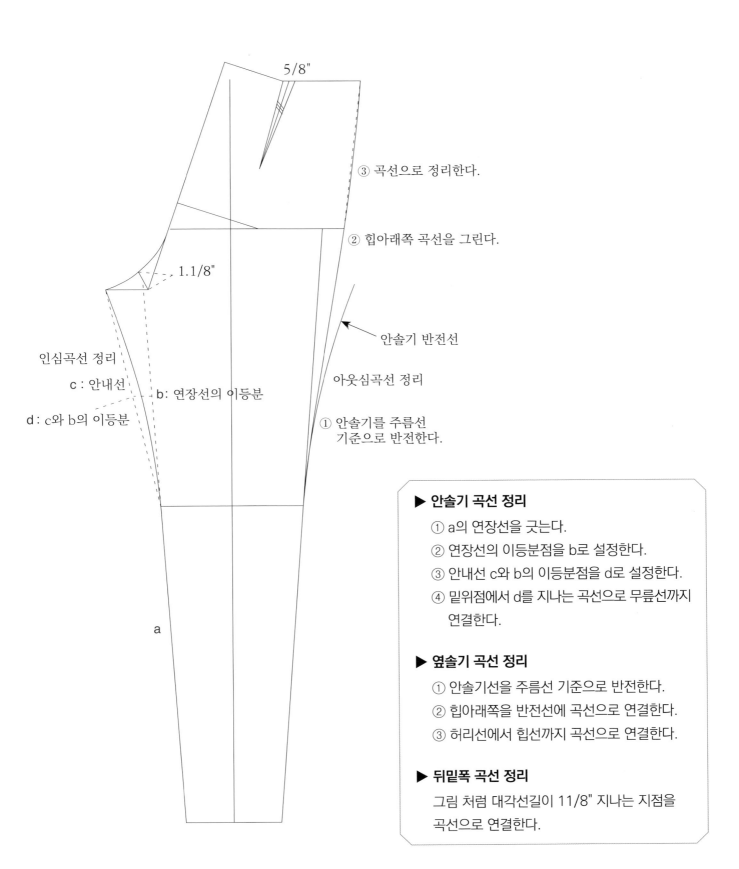

5/8"

③ 곡선으로 정리한다.

② 힙아래쪽 곡선을 그린다.

안솔기 반전선

아웃심곡선 정리

① 안솔기를 주름선
   기준으로 반전한다.

1.1/8"

인심곡선 정리

c : 안내선

b: 연장선의 이등분

d : c와 b의 이등분

a

▶ **안솔기 곡선 정리**

① a의 연장선을 긋는다.
② 연장선의 이등분점을 b로 설정한다.
③ 안내선 c와 b의 이등분점을 d로 설정한다.
④ 밑위점에서 d를 지나는 곡선으로 무릎선까지
   연결한다.

▶ **옆솔기 곡선 정리**

① 안솔기선을 주름선 기준으로 반전한다.
② 힙아래쪽을 반전선에 곡선으로 연결한다.
③ 허리선에서 힙선까지 곡선으로 연결한다.

▶ **뒤밑폭 곡선 정리**

그림 처럼 대각선길이 11/8" 지나는 지점을
곡선으로 연결한다.

1차 완성 패턴

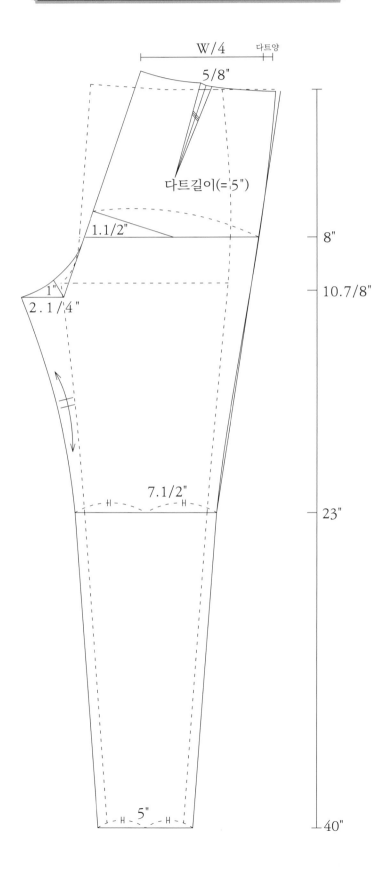

W/4 ⎟ 다트양
5/8"
다트길이(= 5")
1.1/2"
1"
2.1/4"
7.1/2"
5"

8"
10.7/8"
23"
40"

3) 1차 완성 패턴 옆선 이동하기

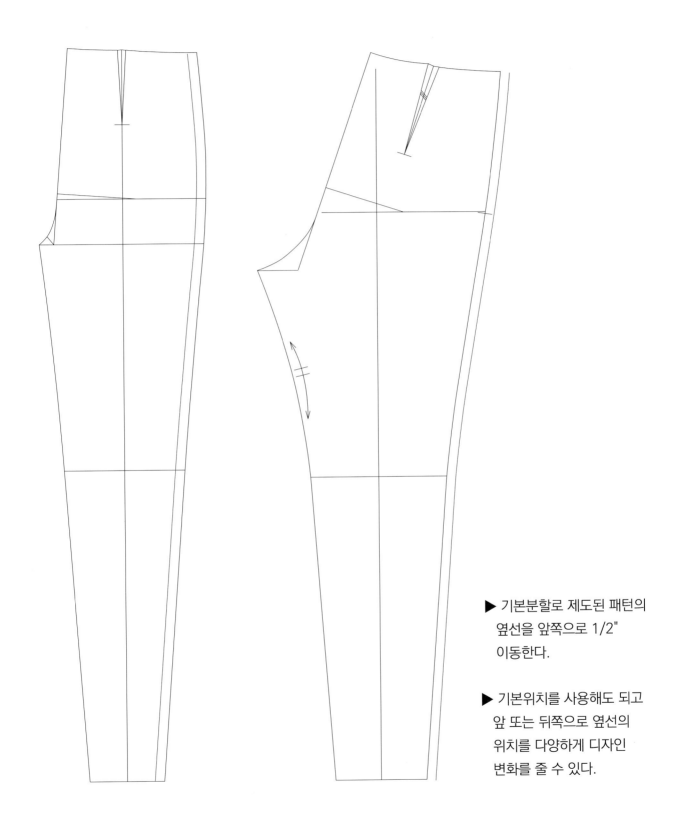

▶ 기본분할로 제도된 패턴의
  옆선을 앞쪽으로 1/2"
  이동한다.

▶ 기본위치를 사용해도 되고
  앞 또는 뒤쪽으로 옆선의
  위치를 다양하게 디자인
  변화를 줄 수 있다.

4) 로우 웨이스트 밴드 패턴 제도

로우 웨이스트 허리밴드는 인체의 제 허리선에서 약간 내려와 골반에 형성되고, 뒤중심보다 앞중심쪽이 더
내려와서 허리선이 경사진 형태로 밴드가 착장된다. 이 때 착장위치 및 앞·뒤 경사는 디자인적 요인으로 브랜드
고객의 연령대 및 트랜드 등을 반영하여 디자인을 하면 된다.

(1) 뒤 다트끝점을 뒤 중심선 쪽으로 절개선을 넣는다.

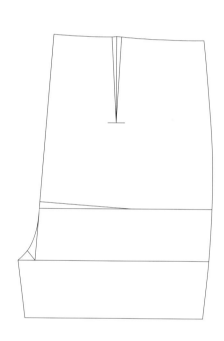
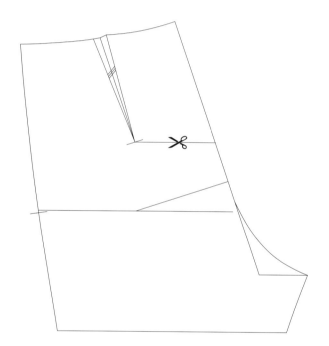

(2) 허리밴드 위치 및 밴드폭 설정

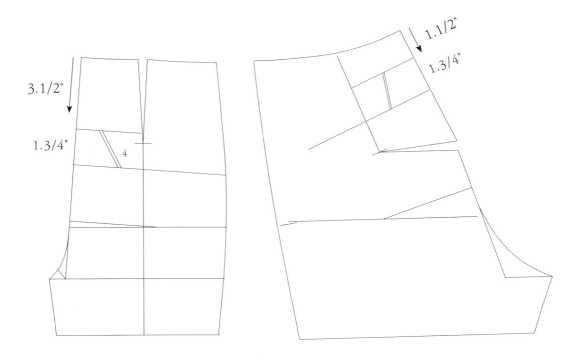

▶ 뒤판의 절개선을 자른 후 다트의 시접이 뒤중심선 쪽으로 향하도록 접는다.

▶ 허리선에서 뒤중심은 1.1/2" 내려온 지점을 표시,

▶ 앞중심은 3.1/2" 내려온 지점을 표시.

▶ 허리밴드의 폭은 1.3/4" 표시.

▶ 그림처럼 밴드의 아랫선을 앞뒤중심선에 직각으로 옆선까지 안내선을 그려준다.

(3) 로우 웨이스트 밴드제도

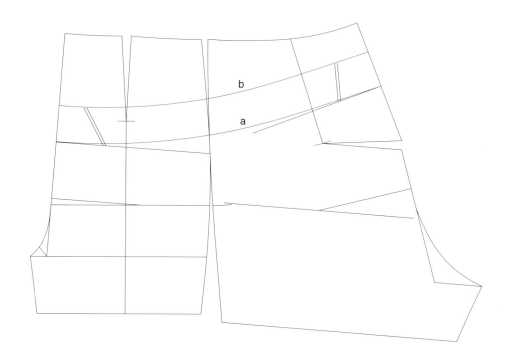

▶ 그림처럼 뒤쪽만 다트를 접고 앞쪽은 다트를 접지않고 옆선을 붙인다.

▶ 옆선은 앞밴드 아랫선을 기점으로 그림 처럼 허리선은 살짝 떨어지고 몸판은 붙게 한다.

   (이유 : 밴드의 곡선을 최대한 자연스럽게 만들기 위함이다.)

▶ 밴드 안내선을 기반으로 밴드의 밑둘레(a)를 자연스러운 곡선으로 먼저 제도하고

   밴드 윗둘레(b)는 1.3/4"폭으로 제도한다.

(4) 제도된 밴드를 일자형태로 수정

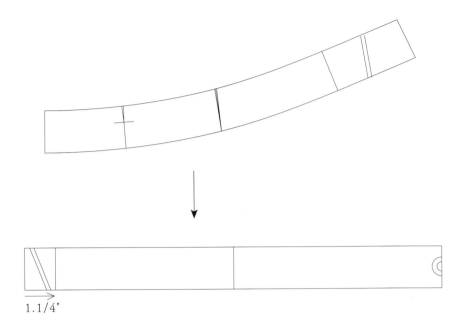

1.1/4"

▶ 스키니는 힙치수를 인체 치수보다 2" 적게 제도하므로 골반 위치에서 제작되는 밴드도
인체 치수보다 1.1/2" 정도 적게 되어 소재의 탄성이 좋아야 된다.

▶ 밴드의 윗둘레의 여유분을 주어서 밴드를 일자형태로 만들어도 착장 시 뜨는 현상은
나타나지 않는다.

▶ 밴드의 밑둘레 치수를 기반으로 일자밴드를 제작한다.

4) 주머니 제도

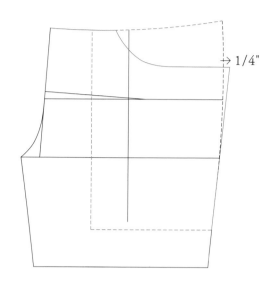

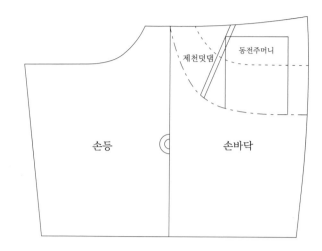

▶ 주머니 디자인선을 제도한다.

▶ 1/4"를 키워준다. (이유 : 주머니 입구에 여유분을 주기 위함이다.)

▶ 뒤판의 주머니는 겉주머니로 디자인한다.

5) 요크 제도

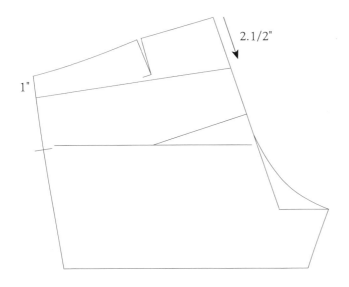

▶ 디자인한 요크선을 절개하여 분리한 후
남아 있는 다트를 요크 끝까지 연장하여
M.P처리한다.

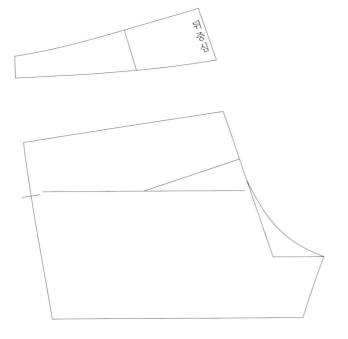

▶ 요크의 디자인선은 옆선의 폭보다
뒤중심쪽의 폭을 2배이상으로 제도하는게
일반적이나 반드시 지켜야할 사항은 아니다.

6) 데님스키니 완성

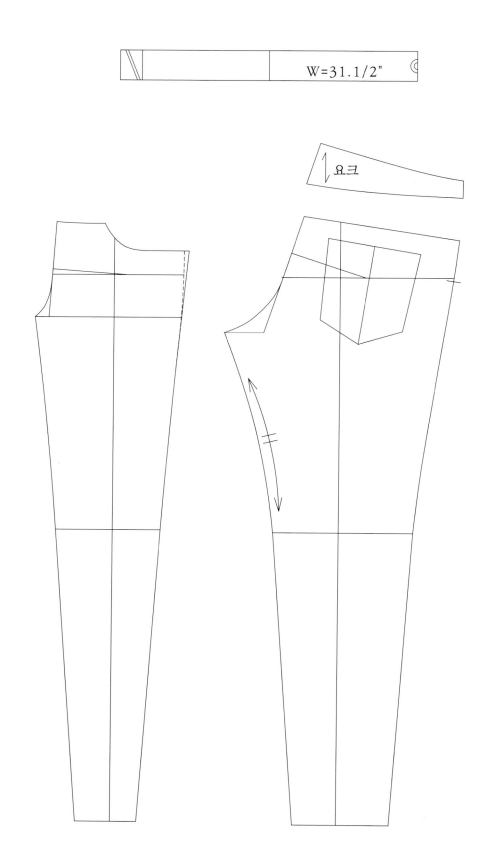

W=31.1/2"

요크